● 新・電子システム工学 ●
TKR-8

電磁波工学の基礎

中野義昭

数理工学社

編者のことば

　電子工学とはどのような領域であるかと言うと，やや定かではない．かつては電気のエネルギー応用分野である強電に対し，弱電という電気の情報への応用分野を指していたようにも思われる．この意味で，電気を信号の伝達に実用化したのは19世紀初頭であり，実用的な電信は1830年ごろに技術が確立した．また，電話は1876年，ベルがエジソンと競って発明したのは有名である．一方，電気のエネルギー応用は，およそ明治の始めの発電機の発明に始まり，さらに，エジソンが発電所を作ったのが1882年である．つまり，弱電と呼ばれた電気の情報への利用は，強電よりやや早かったと言えよう．また，明治初頭に，日本に最初に導入された電気技術は電信であった．

　もう少し狭い意味でのエレクトロニクスとも呼ばれる電子工学というと，電子を制御して利用する電子デバイスからかも知れない．これは，白熱電球の発明者エジソンが，1883年エジソン効果と呼ばれる発熱体からの電子放射を発見したのが最初であろう．直ちに，二極管，三極管が発明された．また，ヘルツの1888年の電磁波の発見に引き続き，マルコーニが1899年にドーバー海峡をはさむ無線通信に成功している．その後，第二次世界大戦直後の1947年のトランジスタの発明より電子デバイスの固体化が始まり，1960年のレーザ光発振成功より，光エレクトロニクスが始まっている．

　しかし，いずれにせよ，人類の知を扱ったり伝達したりするという場では，電子工学の独壇場である．それは電子工学の応用分野を見てみるとわかるであろう．電子管にしても，トランジスタにしても，まずはラジオ・テレビに代表される無線機器，音響機器の応用から始まった．これらは，集積回路の発明により，さらに加速され，情報を処理する機器，つまりコンピュータに発展した．現在の主力製品はむしろコンピュータである．パソコン・スパコンといった純粋なコンピュータ以外に，自動車，家電製品の至るところに配置されている制御用コンピュータやマイコンは，今やこれなしには，人類の生活は存在できない程

に行き渡っている．また，電信から始まり，電話，光ネットワーク，携帯電話などの情報伝達機器も電子工学なしには語れない．

このように，現在の知を支える技術としての電子工学を，基礎から応用にいたるまで，まとめてみたのが，本ライブラリである．簡単には実体が見えない学問であるが，人類に対する貢献も大きい．ぜひその仕組みを理解すると共に，将来，この分野に貢献できるよう，勉学に励んでいただきたい．

2009年7月

編者　岡部洋一
廣瀬　明

「新・電子システム工学」書目一覧

1	エレクトロニクス入門	8	電磁波工学の基礎
2	エレクトロニクスの基礎物理	9	ハードウェア設計工学
3	電子デバイス基礎	10	電子物性
4	MOSによる電子回路基礎	11	光電子デバイス
5	電子物性基礎	12	VLSI設計工学
6	半導体デバイス入門	13	光情報工学
7	光ファイバ通信・計測のための光エレクトロニクス	14	電子材料プロセス

まえがき

　本書は，筆者が東京大学工学部電気電子工学科・電子情報工学科の 3 年生を対象に，1 学期間で講義している「電磁波工学」の内容を纏めたものである．同講義はもともと大越孝敬教授（現 東京大学名誉教授，故人）が担当していたものを，1993 年度に筆者が引き継いだ．その際引き継いだ講義資料，および参考文献 [1] をベースにして小生自身の講義資料を組み立て，今日まで講義で使用してきた．その間何度か手を加えたものの，内容的に安定してきたので，この際教科書に纏めることを決意して出版に至ったものである．教科書化に当たっては，講義資料では説明が不十分だったところを可能な限り補い，自学だけで内容が理解できるよう配慮したつもりである．このような経緯であるので，本書の内容は，大越孝敬氏および文献 [1] の著者である中島将光氏に負うところが大きい．両氏に対し，この場を借りて深く感謝申し上げる．

　少しずつ見直しているとは言え，進歩の速い科学技術の分野で 20 年以上も講義しているのであれば，さぞかし中身が古くなっているのではないかと危惧されるかもしれない．実際，この 20 年の間に，電磁波を取り巻く社会情勢は大きく変化した．消えて行った応用もあれば，新しく生まれた応用もある．地上波アナログ放送は終了し，デジタル放送が始まった．しかしこの間，電磁波の根本原理は何一つ変わっていない．電磁波の原理は自然の摂理であって，20 年どころか 1000 年経っても不変である．本書で学ぶのは，そのようなどの時代でも共通の「電磁波の基礎」であって，賞味期限は無いに等しい．一度習得すれば一生涯役に立つので，安心して学習に励んでいただきたい．

　電磁波工学は既に 100 年以上に渡り存在し，技術として開発の余地はもうないのではと思いきや，21 世紀に入ってむしろ発展を加速している感がある．現代のワイヤレス通信の広帯域・高速化や，無線給電／マイクロ波送電の進展には目を見張る．電磁波工学は，未だ計り知ることのできない大きな可能性を内

まえがき

包している．通信手段，エネルギー伝送手段，計測手段として，これまでもこれからも，電磁波は中心的役割を果たして行くことであろう．読者には，本書その他の科目を通じて電磁波の普遍的性質を十分学び理解した上で，現代社会を支える電磁波を使いこなして欲しい．同時に，その深い理解を通じて，これまでにない新たな応用を開拓して行かれんことを切に願っている．

手書きの講義資料を本書の形に纏め上げるに当たっては，数理工学社の田島伸彦氏，足立豊氏に大変お世話になった．辛抱強く筆者を支えて下さった両氏に対し，心から謝意を表したい．

2015 年 6 月

中野義昭

目　　次

1　概　　説　　1
1.1　電磁波工学の対象とアプローチ　2
- 1.1.1　波長（周波数）領域と名称　2
- 1.1.2　理論的アプローチと応用的アプローチ　5
- 1.1.3　電気回路の分類　6

1.2　電磁波工学の歴史　9
- 1.2.1　電磁波の予見から光通信まで　9
- 1.2.2　なぜ電磁波工学の歴史は短波長波開拓の歴史であったか　10
- 1.2.3　今，電磁波工学で何が問題か　12

1.3　他科目との関係　14
1章の問題　14

2　高周波伝送線路の回路論的取り扱い　15
2.1　分布定数線路　16
- 2.1.1　線路モデルと電信方程式　16
- 2.1.2　電信方程式の解と伝搬定数　17
- 2.1.3　特性インピーダンス　21
- 2.1.4　ケーススタディ1：無限長線路　22
- 2.1.5　ケーススタディ2：有限長線路　24
- 2.1.6　反射係数　25
- 2.1.7　定在波　26
- 2.1.8　反射係数の拡張　27
- 2.1.9　線路上の電圧分布　29
- 2.1.10　電圧定在波比　32

		2.1.11	未知インピーダンスの測定 ·································	33

目　　次　　　　　　　　　vii

　　　2.1.11　未知インピーダンスの測定 ································ 33
　　　2.1.12　規格化インピーダンス ···································· 34
　2.2　4端子網表示 ·· 36
　　　2.2.1　伝送線路の4端子網表現 ···································· 36
　　　2.2.2　線路によるインピーダンス変換 ····························· 37
　2.3　スミスチャート ·· 41
　　　2.3.1　反射係数複素平面上の規格化インピーダンス ················· 41
　　　2.3.2　スミスチャートの導入 ···································· 42
　　　2.3.3　定在波比 ρ と目盛の関係 ································· 43
　　　2.3.4　インピーダンス平面との対応 ······························· 44
　　　2.3.5　スミスアドミタンスチャート ······························· 45
　2.4　インピーダンス整合 ·· 48
　　　2.4.1　単一スタブによるインピーダンス整合法 ····················· 48
　　　2.4.2　2重スタブによる方法 ····································· 50
　　　2.4.3　3重スタブによる方法 ····································· 52
　　　2.4.4　線路間のインピーダンス整合 ······························· 53
　2.5　散 乱 行 列 ·· 55
　　　2.5.1　パラメータ a, b の導入 ··································· 55
　　　2.5.2　線路上の素子 ·· 59
　　　2.5.3　散乱行列の導入 ·· 60
　　　2.5.4　散乱行列の例 ·· 62
　　　2.5.5　無損失回路の散乱行列 ···································· 66
　2章の問題 ·· 67

3　高周波伝送線路　　　　　　　　　69

　3.1　電磁波の導出 ··· 70
　　　3.1.1　電磁波動方程式 ·· 70
　　　3.1.2　複素振幅の導入 ·· 72
　　　3.1.3　平面波 ·· 74
　　　3.1.4　表皮効果 ·· 76
　　　3.1.5　ポインティングベクトル ·································· 77

		3.1.6 境界条件 · 79
3.2	伝搬電磁波の分類 · 81
	3.2.1	TEM波 · 82
	3.2.2	TE波（$E_z = 0$, $H_z \neq 0$）· 83
	3.2.3	TM波（$E_z \neq 0$, $H_z = 0$）· 84
	3.2.4	その他一般（$E_z \neq 0$, $H_z \neq 0$）· 85
3.3	矩形導波管 · 86
	3.3.1	TE波の伝搬 · 86
	3.3.2	TEモードの具体例 · 89
	3.3.3	TM波の伝搬 · 91
	3.3.4	導波管の基本概念 · 92
	3.3.5	TE_{10} 基本モードの性質 · 94
	3.3.6	円形導波管 · 99
3.4	同軸線路 · 100
	3.4.1	TEMモード · 100
	3.4.2	TEモード（$E_z \equiv 0$）· 103
	3.4.3	TMモード（$H_z \equiv 0$）· 104
	3.4.4	同軸線路の実際 · 104
3.5	伝搬電磁波の一般的性質 · 107
	3.5.1	波数間の関係 · 107
	3.5.2	基本特性量 · 107
	3.5.3	エネルギー伝送速度 · 109
	3.5.4	群速度 · 110
	3.5.5	分散曲線 · 112
	3.5.6	伝送損失 · 113
3.6	レッヘル線 · 119
3.7	マイクロストリップ線路 · 122
	3.7.1	線路パラメータの求め方 · 122
	3.7.2	伝送損失 · 124
	3.7.3	対称型ストリップ線路 · 125
	3.7.4	結合ストリップ線路 · 126

		3.7.5	回路素子·································	128
3.8	表面波線路····································			131
		3.8.1	一般的性質·······························	131
		3.8.2	伝搬形態·································	132
		3.8.3	表面波線路の実例·························	134
3章の問題·····································				138

4 高周波回路素子　　　　　　　　　　　　　　　　　139

4.1	分布定数線路共振回路··························			140
	4.1.1	集中定数共振回路····························		140
	4.1.2	終端形共振回路······························		143
	4.1.3	終端形共振回路の使用形態····················		145
	4.1.4	分布定数線路から作られる 　　透過形共振回路（単一共振フィルタ）·········		150
4.2	平面共振回路····································			154
	4.2.1	平面共振回路の基本形·······················		154
	4.2.2	平面回路の基本方程式·······················		154
	4.2.3	境界条件···································		155
	4.2.4	簡単な形状の共振器の共振周波数·············		157
	4.2.5	平面共振器の無負荷 Q 値 ····················		160
	4.2.6	端子をつけた平面回路共振器の等価回路········		162
	4.2.7	フィルタ回路への応用························		165
4.3	立体共振回路（空洞共振器）······················			168
	4.3.1	直方体空洞共振器···························		168
	4.3.2	円筒形空洞共振器···························		171
	4.3.3	空洞共振器の損失···························		172
	4.3.4	外部回路との結合···························		174
	4.3.5	実際の共振器·······························		175
	4.3.6	共振器の扱い方のまとめ·····················		176
4.4	モード結合理論··································			177
	4.4.1	2つの進行波同士の結合······················		178

| | x | 目　次 |

   4.4.2　進行波と後退波の結合 …………………………………… 182
 4 章の問題 …………………………………………………………… 187

参 考 文 献 …………………………………………………………… 188
索　　　引 …………………………………………………………… 189

電気用図記号について

本書の回路図は，JIS C 0617 の電気用図記号の表記（表中列）にしたがって作成したが，実際の作業現場や論文などでは従来の表記（表右列）を用いる場合も多い．参考までによく使用される記号の対応を以下の表に示す．

	新 JIS 記号（C 0617）	旧 JIS 記号（C 0301）
電気抵抗，抵抗器	─[▭]─	─/\/\/\─
スイッチ	─/─ （─⚬/─）	─⚬　⚬─
接地 （アース）	─⏚	─⏚
インダクタンス，コイル	─⌒⌒⌒─	─◠◠◠─
電源	─┤├─	─┤├─

1 概　　　説

　私たちの日常生活に，電波あるいは電磁波は欠くことのできない存在になっている．携帯電話，スマートフォン等の携帯端末は電磁波がなければ機能しないし，無線 LAN（ローカルエリアネットワーク）もしかりである．GPS（グローバルポジショニングシステム）は，人工衛星からの電磁波を捉えて機能している．電子レンジは，電磁波のエネルギーを水分子に吸収させて食品を加熱している．ラジオ・テレビ放送や，航空機・船舶の安全な航行にも電磁波は欠かせない．

　かように生活に浸透している電磁波であるが，電磁波のごく一部である可視光を除けば，それを人間が直接見ることはできない．そのために，多くの人にとっては電磁波は「謎の存在」であり，わかりにくいものの典型であろう．本書では，この見えない電磁波を支配している法則を学び，電磁波の性質を理解し，これまでどのように利用されてきたかを学ぶ．この過程を通じて，学習者自身が電磁波を今日および未来の応用に活用してゆくための基礎を形成せんとするものである．学習を通じて電磁波が「見える」ようになればしめたものである．

> **1章で学ぶ概念・キーワード**
> 周波数，波長，波数，帯（バンド），マイクロ波，光，放射線，テラヘルツ波，ギガ，テラ，ペタ，回路形態

1.1 電磁波工学の対象とアプローチ

1.1.1 波長(周波数)領域と名称

マクスウェルの方程式で記述される**電磁波**は,電界と磁界が対になって空間や物質中を伝搬する波動である.他の波動と同じように,電界または磁界のピークと次のピークの間隔を**波長**,1メートルの間に電界または磁界が何回振動するか(波長の逆数)を**波数**,ある場所で観測した際のピークと次のピークの時間間隔を**周期**,1秒間に電界または磁界が何回振動するか(周期の逆数)を**振動数**と呼ぶ(図1.1).波長の単位はメートル(m),波数の単位は回/メートルまたはラジアン/メートル(m^{-1}またはrad/m)周期の単位は秒(s),振動数の単位は回/秒(s^{-1})である.波動は一般に,波長と振動数も逆数関係になっており,自由空間の電磁波の場合「波長×振動数=光速」の関係で結ばれる(後述).電気電子工学では,振動数のことを**周波数**と呼ぶことが多く,その場合単位はヘルツ(Hz)を使うが,意味は上と同じ「回/秒」である.本書でも,周波数(単位:Hz)を常用することとする.

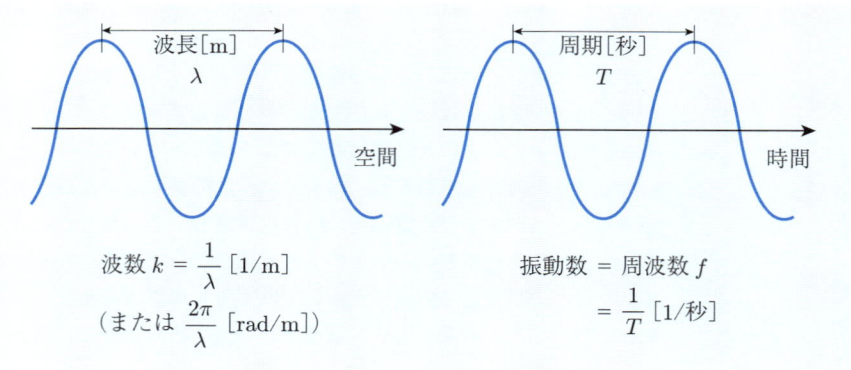

図 1.1　波の基本量

さて自然界に存在するものや,人為的に発生させる電磁波の波長あるいは周波数は,20桁以上の極めて広範囲にわたっている.そのため,電磁波の世界では,M(メガ),G(ギガ),T(テラ),P(ペタ),E(エクサ)等,非常に大きな数を表す**接頭辞**や,μ(マイクロ),n(ナノ),p(ピコ),f(フェムト),

a（アト）等，非常に小さな数を表す接頭辞が頻繁に出てくるので，これらに十分慣れ親しんでいる必要がある．表 1.1 に，SI（国際標準）で定められている**接頭辞**をまとめて示しておくので，この際，暗記して欲しい．

表 1.1　SI 接頭辞

乗数	接頭辞	記号	乗数	接頭辞	記号
10^{24}	ヨタ	Y	10^{-1}	デシ	d
10^{21}	ゼタ	Z	10^{-2}	センチ	c
10^{18}	エクサ	E	10^{-3}	ミリ	m
10^{15}	ペタ	P	10^{-6}	マイクロ	μ
10^{12}	テラ	T	10^{-9}	ナノ	n
10^{9}	ギガ	G	10^{-12}	ピコ	p
10^{6}	メガ	M	10^{-15}	フェムト	f
10^{3}	キロ	k	10^{-18}	アト	a
10^{2}	ヘクト	h	10^{-21}	ゼプト	z
10^{1}	デカ	da	10^{-24}	ヨクト	y

電磁波は主に応用の便を考えて，波長または周波数を概ね 1 桁毎に区切って，それぞれの領域を**帯**（band，**バンド**）と呼んでいる．波長で区切る流儀と周波数で区切る流儀の 2 通りがあるが，最近は周波数で区切る呼称の方が多く使われている．表 1.2 に，電磁波の波長とそれに対応する周波数，および各波長帯あるいは周波数帯の呼称を示す．

身近にある交番電磁界の代表は，周波数 50 Hz または 60 Hz の電灯線[*]であろう．これらは波長にすると約 1 万 km と非常に長いので，通常は波長無限大と仮定して交流回路理論が組み立てられている．後述するように，電磁波開拓の歴史は短波長帯開拓の歴史であったため，長い波長から順に名前がつけられて行った．**AM**（amplitude modulation，**振幅変調**）ラジオ放送時代には，波長が 10 km 周辺の電磁波から使い始め，波長の長短に対応して，**長波**，**中波**，**短波**帯と呼ぶようになった．同じ領域を周波数で呼ぶと，長波は低周波，短波は高周波なので，**LF**（low frequency），**MF**（middle frequency），**HF**（high frequency）帯となる．これらは概ね数百 kHz から数 MHz の電磁波である．

波長 1 m 近傍の電磁波を指す **VHF**，**UHF** 等の名称は，周波数に着目した呼称に「超」を表す英語の副詞をつけてできたものである（very high frequency，ultra-high frequency の頭文字）．これらは，**FM**（frequency modulation，**周波数変調**）ラジオ放送やテレビ放送関連でよく使われるので，読者も日頃よく耳にしているであろう．周波数にすると 100 MHz 近傍の電磁波である．

波長が概ね 1 m 以下の電磁波を通称**マイクロ波**と呼んでいる．マイクロ波は，

---

[*] 電力事業者から購入する 100 V の家庭用交流電力．東日本は 50 Hz，西日本は 60 Hz である．

表 1.2 周波数,波長とその呼称

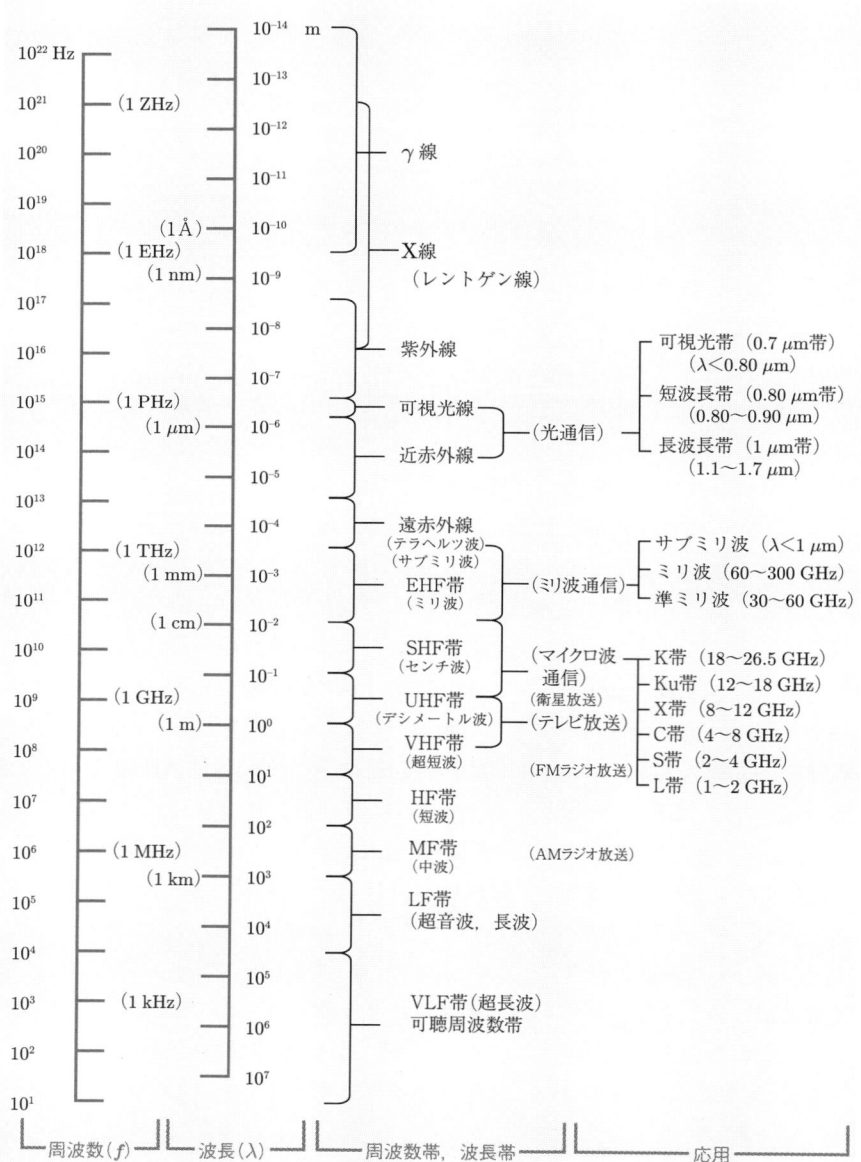

波長 1 桁毎に**デシメートル波**，**センチ波**，**ミリ波**，**サブミリ波**（または**テラヘルツ波**）とさらに細分化した呼称が与えられており，電子レンジ，移動体通信，無線 LAN，衛星放送等に利用されている．この領域は，周波数に着目した呼び方では，**SHF**（super high frequency），**EHF**（extremely high frequency）と呼ばれる．また，1 から 40 GHz の間は，表 1.2 のように，X 帯，Ku 帯等，さらに細分化した名称が付与されている．

波長が 0.1 mm，すなわち 100 μm 以下の領域に入ると，電磁波は**光**と呼ばれるようになる．周波数で表すと概ね T（テラ）Hz から 100 P（ペタ）Hz の 5 桁の範囲にわたっている．光は，波長の長い方から順に**遠赤外線**，**中赤外線**，**近赤外線**，**可視光**，**紫外線**，**深紫外線**と呼ばれている．波長が 10 nm 付近からは，電磁波は**放射線**と呼ばれるようになる．周波数では 10 PHz から E（エクサ）Hz，さらには Y（ヨタ）Hz に及んでいる．波長の比較的長い領域は**エックス（X）線**，短い方は**ガンマ（γ）線**と称されている．10 nm は 1 Å（オングストローム）であり，およそ原子と同じスケールとなるので，エックス線は物質を構成する原子の状態を調べるプローブとしてよく用いられる．

1.1.2 理論的アプローチと応用的アプローチ

電磁波工学へのアプローチの仕方は主に 2 通りある．1 つは，電磁気学，特に**マクスウェルの方程式**を出発点として**電磁波動方程式**を導き，それを一般的な境界条件（例えば導波系，回路系，放射系等）のもとで数学的に解いてゆくもので，理論的かつ基礎的なアプローチと言える．もう 1 つは，実際に使われている電磁波素子（例えばケーブル，導波管，光ファイバ，平面回路，アンテナ等）を例にとって，それらにおいて電磁波動方程式がどのような解を持つかを調べてゆくやり方で，応用的，実用的なアプローチと言える．

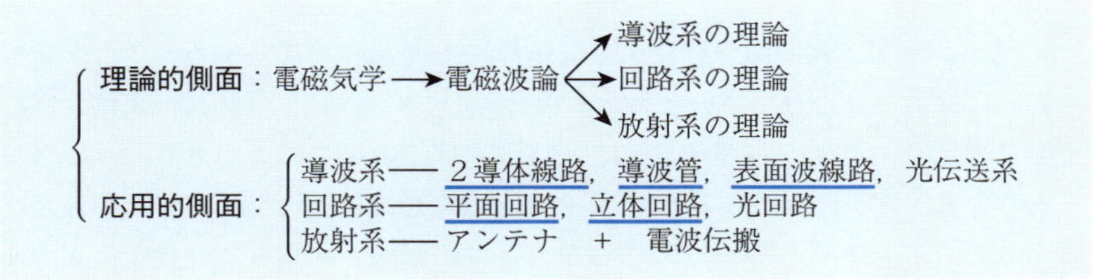

図 1.2 電磁波工学へのアプローチ

前者ではより一般的に議論を進められる反面，抽象的なので道半ばで挫折しやすい．後者では一般性は限定されるが，具体的イメージを持ちながら議論を進めるのでわかりやすい．本書では，主に後者のやり方で体系づけし，必要に応じて前者の議論を挿入することにする．図 1.2 に，これらの関係を示しておく．特に，初学者向けに，本書では図中にアンダーラインを示した部分を対象とすることにする．それ以外の電磁波素子に関しては，他書を参照して欲しい．

1.1.3 電気回路の分類

読者の多くは，これまでオームの法則に代表される電気回路理論や交流回路理論を学んで来たものと思う．これらはほとんどの場合，「集中定数系」と呼ばれる回路形態の 1 つにすぎない．実際には，「回路」の物理的大きさと，対象とする電磁波の波長との相対大小関係により，**電気回路の形態**は 7 つに分類される．特に共振器を例にとってみると表 1.3 のようになる．

表 1.3 電気回路の分類
(x, y, z は空間 3 方向に対する回路の寸法，λ は波長)

第 1 分類（集中定数系）	$x, y, z \ll \lambda$	
第 2 分類（分布定数系）	$x, y \ll \lambda, z \sim \lambda$	
第 3 分類（平面回路系）	$x \ll \lambda, y, z \sim \lambda$	
第 4 分類（立体回路系）	$x, y, z \sim \lambda$	
第 5 分類（Long Line/導波管共振系）	$x, y \sim \lambda, z \gg \lambda$	半導体レーザ
第 6 分類（自由平面系）	$x \sim \lambda, y, z \gg \lambda$	スラブ導波路
第 7 分類（自由空間系）	$x, y, z \gg \lambda$	

x, y, z を 3 次元空間の各直交方向に対する回路の寸法とする．寸法が全ての方向に波長より十分小さいと言える場合（$x, y, z \ll \lambda$），回路は「**集中定数回路**」と呼ばれ，電気回路理論や交流回路理論はこの場合に適用される理論体系である．表 1.2 からわかるように 50-60 Hz の電磁波は 1 万 km にも及ぶ波長を有するので，およそ身の周りのどんな大きさの回路，装置も，波長より十分小さいと言えることが理解される．

次に 2 方向には波長より十分小さいが $(x, y \ll \lambda)$，他の 1 方向には寸法が波長と同程度 $(z \sim \lambda)$ の場合，回路は「**分布定数回路**」と呼ばれる．例えば，ラジオ放送で使われる 1 MHz の電磁波の波長は 300 m 程度であるが，この電磁波を伝送するケーブルを考えると，断面方向には波長より十分小さいものの，長手方向には必ずしも小さいとは言えなくなってくることがわかる．交流回路理論の一部はこれに対応するように拡張されている（分布定数線路の理論）．

同様に，回路寸法と波長の大小関係で，**平面回路**系，**立体回路**系，長導波管系，**自由平面**系，**自由空間**系なる分類が可能で，合計 7 分類になる．第 5 分類以上は回路の寸法が波長より相当大きくなる場合で，そのようなことが生じるのは主に波長の短い光に対する回路（**光回路**）の場合である．例えば，半導体レーザは第 5 分類，光スラブ導波路は第 6 分類に相当する．これら 7 分類の回路は，さらに

- 回路理論的取り扱いを許すもの——集中定数，分布定数
- 電磁界理論的取り扱いを要するもの——平面回路以下全部

のように，大きく 2 分することができる．第 3 から第 7 分類の回路は，電気回路理論，交流回路理論では扱うことのできない，電磁波工学的に扱われるべき回路であると言える．

回路形態は何で決まるか？

前記の回路形態は，概ね以下のような要因で決められてしまう．

(1) 人間の工作能力：現在の人間の工作能力を超えた寸法の回路を作ることはできない．例えば，数万 km にも及ぶような巨大な回路を作ることも，素粒子レベルの超微小な回路を作ることも困難である．1960 年以前は回路の寸法は概ね，工作能力の及びやすい手の寸法であった．それ以後，工作能力の向上に伴って，大きな回路（電波望遠鏡等）や，極微小な回路（LSI 等）が出現してきた歴史がある．

(2) 材料の特性：電磁波と実際に相互作用する部分は限られている．例えば，後に学ぶように，金属の表面から表皮深さ程度しか電磁波は侵入できないし，非常に長いものを作ったとしても，材料の損失があるため，限られた長さまでしか電磁波を届けることができない．電磁波の及ばない領域にまで寸法を拡大しても無意味である．

(3) 材料費とスペース：大きな回路を作るには，多くの材料と大きなスペースが

必要になる．例えば，中波帯で第4分類の立体共振器を作ろうと思うと，$100\,\mathrm{m}^3$ の容積の金属箱が必要になる．材料代，場所代を考えると，このやり方は見合わない．

(4) 熱放散：回路に能動素子が含まれる場合，適切な大きさに設定しないと十分に熱を逃がすことができず，回路自体が過熱して動作しなくなる．

(5) 絶縁耐力：回路の電力は通常，電池や商用電源から供給され，電圧は予め決められている．電圧一定のもとでサイズを小さくしてゆくと，電界強度はその分大きくなってゆき，いずれ材料の絶縁耐力を上回り，絶縁破壊を生じる．

各回路の応用の現状

表 1.4 は，上記の各回路形態が，どのような周波数帯で使われているかについて示したものである．表中右上に行くほど回路寸法は微小になり，左下に行くほど回路寸法は巨大になる．右上と左下が空欄なのは，回路が微小すぎるか巨大すぎるため，未だ実用されていないことを表している．最近のナノテクノロジーの進歩によって，右上の空白領域が開拓されつつある．

表 1.4　各周波数領域への応用

	VLF〜HF	VHF	UHF	SHF	EHF	テラヘルツ波	赤外光	可視光
第1分類	○	○	○	○*				
第2分類		○	○	○*	○**			
第3分類			○	○**	○**	○***		
第4分類			○	○	○		○***	
第5分類						○	○	○
第6分類					○		○	○
第7分類							○	○

*マイクロ波 IC 技術によって 1970 年代に可能となったもの
**同じく 1980 年代に可能となったもの
***ナノテクノロジーの進展により 2000 年代に可能となったもの

例題 1.1

可視光帯の第1分類回路を作ったとすると，どのくらいの大きさになるか．

【解答】　可視光の波長は $0.4 \sim 0.7\,\mu\mathrm{m}$ なので，このような電磁波に対する第1分類回路は，縦・横・高さがこの 10 分の 1 以下，すなわち $10\,\mathrm{nm}$ 程度以下でなければならない．かように小さな回路はこれまでは作製困難であったが，最先端のナノテクノロジーでは nm 級の加工も可能となってきており，近い将来，光波帯の集中定数回路が実現されるかもしれない．

1.2 電磁波工学の歴史

1.2.1 電磁波の予見から光通信まで

電気を用いた通信は，有線通信技術として19世紀には実用化され，1858年には既に大西洋横断の電信ケーブルが敷設されている．空間を伝搬する電磁波の存在は，1864年に**マクスウェル（Maxwell）**方程式の帰結として予言されている．1888年には，**ハーツ（Hertz）**によって電磁波の存在が実証された．続く1895年には，存在が実証された電磁波を用いて，**マルコーニ（Marconi）**が無線電信を成功させた．

1906年には，**ドゥフォーレスト（DeForest）**が3極真空管を発明し，電磁波の増幅，発振が可能となったことは，電磁波工学がその後さらに発展するきっかけとなった．1940年から1945年にかけては，第2次世界大戦と関連してレーダの開発が精力的に行われ，導波管技術，マイクロ波技術が大きく進歩した．1948年のトランジスタの発明以来，真空管から半導体へ電子素子の主役が急速に交代し，1960年代に入るとマイクロ波に対応した半導体技術が現れ，マイクロ波集積回路が作られるようになった．一方，1960年のレーザ（光発振器）の発明に端を発する光エレクトロニクスは，1970年代に入ると光通信や光記録技術として華々しく発展することとなった．

この間の発展の様子を横軸：年代，縦軸：周波数でプロットしたのが図1.3である．この図から，電磁波工学の発展の歴史は，短波長波開拓の歴史であったことが見て取れる．また，ある周波数での発振器が開発されると（コヒーレント波の発生），それから20年後には，その周波数を利用した応用が開始される歴史であったとも言える．さらによく見てみると，**テラヘルツ波（サブミリ波）**，遠赤外線領域は，発振器の開発が思うように進まない未開拓領域として残されてきたことがわかる．1960年の**レーザ**の発明は，一気にこの未開拓領域を突き抜けて（図のA）光の発振器が開発された点で画期的な出来事であった．これに対応して，電気通信技術は，**マイクロ波通信**から**光通信**に一気に切り替わることとなった（図のB）．

サブミリ波，遠赤外線の未開拓領域は，それ以後，高い周波数側から低い周波数側に向かって，主にレーザ技術をベースとして開拓されてゆくことになっ

た．21世紀の現在では，コヒーレント波の発生技術としては，この未開拓周波数ギャップはほぼ埋められ，サブミリ波の発生も可能になっている．これらの電磁波を使った応用技術は，今後，主にセンシング分野を中心に開発，実用化されてゆくものと予想されている．

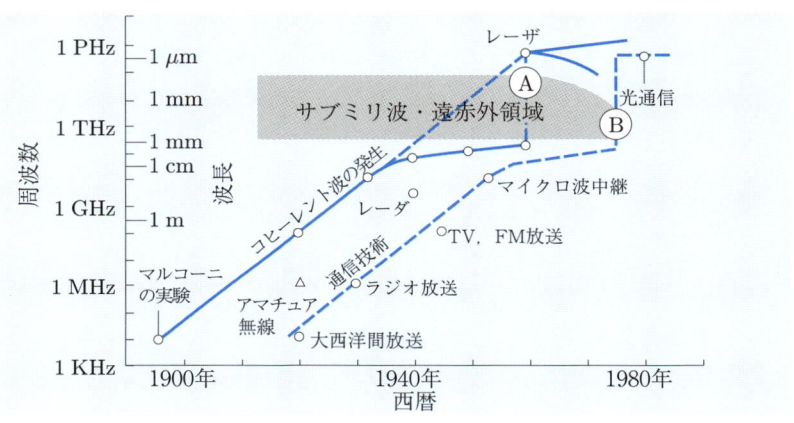

図 1.3　電磁波工学の発達の歴史

1.2.2　なぜ電磁波工学の歴史は短波長波開拓の歴史であったか
短波長波の利点

　1.2.1 節で述べた通り，電磁波工学の歴史は，短波長波／高周波数開拓の歴史であった．周波数の高い電磁波の発生は一般に技術的ハードルが高いため，技術開発競争としては高い周波数に向かうのは自然であるが，短波長にすることにより応用上の利点が生じることも大きな理由であった．電磁波が伝搬する際の**広がり角** θ は一般に $\theta \sim 2\lambda/D$（λ は波長，D はアンテナの開口径）と表されるため，短波長化すると広がり角の小さい，**指向性**の高いアンテナを作ることができる．これは，通信においては，無駄な電力を空間中に拡散しなくて済むので省エネルギー化を通じた経済化に結びつく．また，**レーダ**応用においては，高い方位分解能を実現することに繋がる．将来，宇宙発電所から地上に電磁波により電力輸送を行おうとするような場合にも，指向性が高いことは利点になる（加えて，電離層を透過しやすくなるメリットもある）．しかし反面，建物等の障害物があると遮られるようになるため，放送や携帯電話等の無指向性を

要求する応用には不向きになってくる．

　もう 1 つの大きな利点は，周波数が高いと，より多くの情報を送れるようになることである．放送や通信では，高い周波数の電磁波（**搬送波**）に，低い周波数の信号を乗せて伝送している．搬送波の周波数が高いと，送れる信号の周波数（つまり**情報量**）もそれに比例して大きくなる．例えば，GHz 帯を搬送波とする無線 LAN の伝送ビットレートは毎秒数十 Mbit であるが，100 THz 帯の光を搬送波とする光ファイバ通信では，毎秒数十 Gbit の伝送が可能である（現在では，複数の搬送波を束ねる**波長多重**，**偏波多重**，**空間多重**技術により，1 本の光ファイバで毎秒 1 Pbit もの伝送が可能になっている）．

　他方，必ずしも短波長が有利であるかは別にして，高い周波数帯を開拓せざるを得ない制度上の理由も存在した．すなわち，電磁波はある周波数帯が特定の応用に割り振られると，干渉を防ぐために，同じ周波数帯を他の目的で使うことが法律で禁じられることとなる．例えば，テレビ放送の周波数帯を，勝手に無線通信等，他の用途に使うことはできない．従って，新たな電磁波の応用が生まれると，それを受け入れるには未利用の新たな周波数帯を開拓する必要があり，応用は技術的に容易な低周波数帯から埋まってきたため，必然的に高い周波数帯の開拓に向かわざるを得なかった．現在，わが国の法律で定められている周波数帯の割り当てについては，総務省のホームページ[*]に詳しく公開されているので参照して欲しい．同ページから引用した 335.4 MHz〜960 MHz の割り当てについて図 1.4 に例示しておく．

短波長化で回路はいかに変わるか？ よいことばかりか？

　短波長波を扱う回路形態は，表 1.4 に示した通り，第 1 分類から第 7 分類の方向に向かうことになる．これは，通常の電気回路理論で取り扱うことが困難になってゆき，多くの回路素子を用いてシステム論的に大規模な回路を設計したり，作製したりすることが難しくなることを意味する．また，短波長化に伴って回路寸法は小さくなる傾向があるので，1.1.3 項で述べたように，熱放散・絶縁耐力の観点，微小回路の工作精度の点で，不都合が増えてくる．従って，大規模・複雑な回路を作ろうとする場合，短波長化が常に有利であるとは言えない．要は，電磁波で何をやろうとしているのかに応じて，それに最適な周波数

---

[*] http://www.tele.soumu.go.jp/j/adm/freq/

12　　　　　　　　　　第1章　概　　説

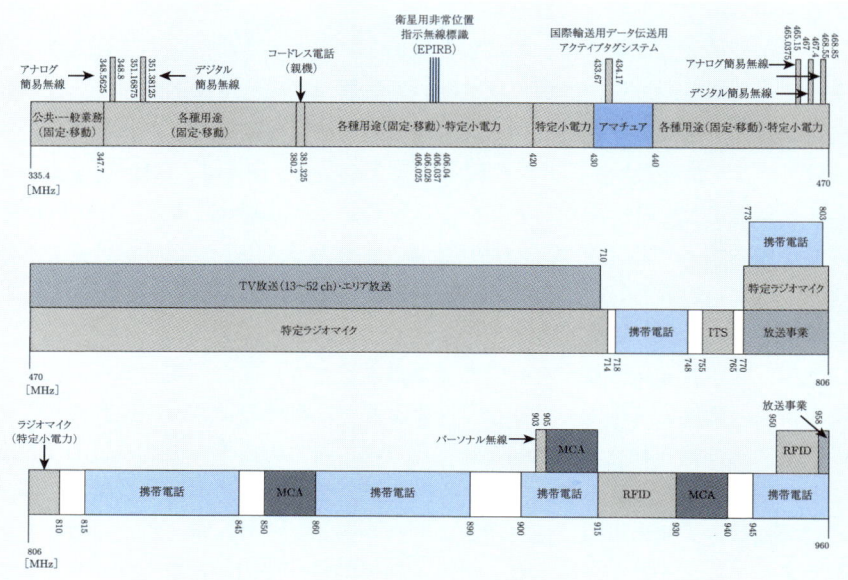

図 1.4　電磁波周波数の割り当て（335.4 MHz〜960 MHz）

帯を選ぶべきなのであって，短波長波開拓一本やりの時代は，20世紀末をもって終わったと考えてよい．

1.2.3　今，電磁波工学で何が問題か

では，21世紀の今日，何が電磁波工学の最前線になっているのだろうか．1つは，マイクロ波帯の無線通信速度のさらなる向上である．**LTE**と称される**携帯電話**の方式では最大 100 Mbit/s，IEEE802.11n 規格の**無線 LAN** では最大 600 Mbit/s がうたわれており，これらはいずれも 20 世紀の常識からは考えられないくらい高速である．この 20 年間にわたる携帯電話と無線 LAN の爆発的普及，需要の増大が，技術開発を加速した結果とも言える．これをさらに高速化するには，ミリ波等のより高い周波数帯の利用が有効であるが，一方でミリ波は空気中での減衰が大きく，通信可能距離が短くなる欠点がある．各種の多重化や情報圧縮を駆使し，通信距離を維持したまま伝送速度を向上する技術の開発が競われている．

1.2 電磁波工学の歴史

　最前線の2つ目として，図1.3の1THz近傍の未開拓周波数ギャップを埋め，この領域の応用を確立してゆくことがあげられる．前述の通り，このギャップは量子カスケードレーザ等の遠赤外光源の長波長化により高周波数側から埋められつつあると同時に，電子回路の高速化により低周波数側からも埋められつつある．このような「テラヘルツ波」を，無線通信，分子分析・計測・操作，非破壊検査等に応用する研究が行われている．

　一方，電磁波による情報通信の容量限界に向けた挑戦は，1PHz近傍の光波において行われている．1990年代は**波長多重**技術（異なる波長を1つの光ファイバに通すことによる伝送容量の増大），2000年代に入ってからはデジタルコヒーレント技術（振幅および位相の多値変調），**偏波多重**技術（異なる偏波の利用），2010年代は**空間多重**技術（複数コアまたは複数モードの利用）の導入により，光ファイバ1本あたりの伝送容量を飛躍的に増大させてきた．その結果，1990年にはファイバ1本あたり約10Gbit/s程度の伝送容量だったものが，2012年には1Pbit/sまでにもなった．約20年の間に伝送容量が10万倍に拡大した計算である．この光波通信の著しい進歩が，インターネットの発展を支えてきたと言っても過言ではない．

　さらに従来光波を扱う回路は，表1.4に示したように，第5から第7分類の形態をとることが普通であったが，昨今の微細加工技術の進歩により，回路素子の大きさをμm以下の寸法にすることも可能となった結果，光波においても第4分類以下の形態をとる例が見られるようになってきた．現在「ナノフォトニクス」，「プラズモニクス」と呼ばれている研究領域は，まさに光波にとっての新しい回路形態開拓の最前線と言えよう．

1.3 他科目との関係

本書では，大学学部レベルの電磁気学および電気回路理論（特に交流回路理論）は既習であるものとして，議論を進める．また本書では，電磁波のうちマイクロ波帯を中心に議論を展開する．電磁波のもう1つの代表である光波については，光波電子工学等の専門科目で学習を進めて欲しい．紙数の関係でアンテナ・電波伝搬に関して論ずることができないので，必要であれば，本書を学習後にアンテナ工学等の専門科目を学ぶとよい．携帯電話，無線LAN，レーダ，GPS等の仕組みについては，本書を終えた後に，無線応用工学等の科目で学習することを推奨する．講義履修パターンの一例を図1.5に示しておく．

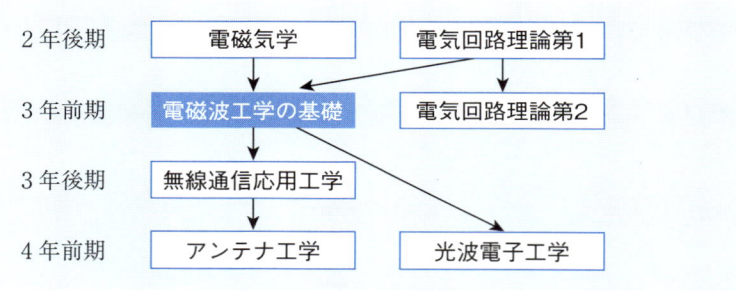

図 1.5 履修パターン例

1章の問題

☐ **1** 電子レンジは，電磁波によって食品を加熱する装置である．使われている電磁波の周波数はいくらか．また，その周波数が使われる理由はなぜか．

☐ **2** マイクロ波も光も同じ電磁波であって，空間を伝わることができるのに，前者は携帯電話に使われ，後者は使われないのはなぜか，その理由をできるだけ定量的に論じなさい．

☐ **3** 電気通信において一般に，搬送波の周波数が高いと，より多くの情報を送れる理由を説明せよ．

☐ **4** 読者の住んでいる地域のAMラジオ局，FMラジオ局，地上波デジタルテレビ局の放送周波数をそれぞれ1局ずつ調べ，その電波の波長を計算しなさい．

2 高周波伝送線路の回路論的取り扱い

　本章では，読者が交流電気回路理論の基本を理解していることを前提として，高周波電磁界の伝送線路が，交流電気回路理論としてはどのように取り扱われるかについて述べる．一方，第3章では，高周波伝送線路を，電磁気学から出発してどのように取り扱うかが論じられる．本章の結論と第3章の結論がいずれ1つに合流して，回路理論と電磁気学が橋渡しされることとなる．

> **2章で学ぶ概念・キーワード**
> 分布定数線路，電信方程式，伝搬定数，特性インピーダンス，反射係数，定在波，VSWR，規格化インピーダンス，スミスチャート，インピーダンス整合，散乱行列

2.1 分布定数線路

まず，交流電気回路理論の復習として，**分布定数線路**（distributed parameter line）から考察を始めよう．図 2.1 に示すような，電源と負荷を結ぶ**伝送線路**（transmission line）を考える．直流回路理論および商用電源周波数（50-60 Hz）の交流回路理論では，伝送線路は，電源端から負荷端へ，電圧と電流を瞬時に伝える「透明な」存在であった．ところが，対象とする電磁界の波長が回路素子の寸法と同じくらいになる高い周波数では，伝送線路上に電圧や電流の分布が発生する．このことは，実際には電磁場の伝わる速さが有限で，電源端の電圧，電流が負荷端に伝わるのに時間がかかることを意味している．このような場合にはもはや伝送線路は「透明」とは言えず，伝送線路自体を表す何らかの電気回路的モデルが必要となる．

2.1.1 線路モデルと電信方程式

そこで，伝送線路を図 2.1 に示す等価回路で表すことにする．v, i は各々電圧，電流，z は電源から負荷の方向に測る座標であり，L, R, C, G はそれぞれ

- L：単位長さあたりのインダクタンス（上下 2 本分）　　H/m
- R：上記インダクタンスに付随する損失　　Ω/m
- C：単位長さあたりの容量　　F/m
- G：上記容量に付随する損失　　S/m

を表す．伝送線路が一般に細い導線でできていることを考えれば，それにインダクタンスを考えるのは自然であり，そこに電流が流れれば，完全導体でもない限り直列抵抗成分を考えるのも当然であろう．一方，上下 2 導体が相対しているので，それらの間に容量が発生することも自然であるし，絶縁体が完全でなければそこにリーク電流が存在することも十分考えられる．かくして図 2.1 のような等価回路が想定されるわけである．

さて，図 2.1 の回路にキルヒホッフの法則を適用すると，A-B 間の電位差と A 点の電流連続について次の方程式が得られる．

$$\begin{cases} v - \left(v + \dfrac{\partial v}{\partial z}\mathrm{d}z\right) = L\mathrm{d}z \cdot \dfrac{\partial i}{\partial t} + R\mathrm{d}z \cdot i & \text{(A-B 間の電位差)} \\ \left(i - \dfrac{\partial i}{\partial z}\mathrm{d}z\right) - i = C\mathrm{d}z \cdot \dfrac{\partial v}{\partial t} + G\mathrm{d}z \cdot v & \text{(A 点の電流連続)} \end{cases}$$

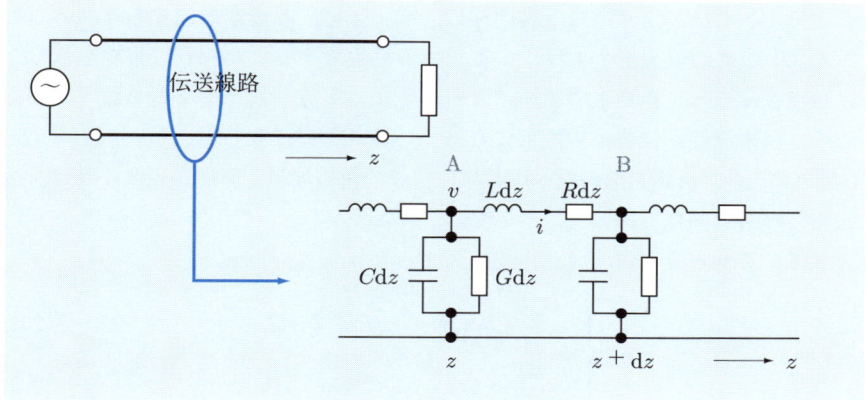

図 2.1 伝送線路の等価回路

これらを dz で割ることにより，次の連立偏微分方程式が得られる．

$$\begin{cases} -\dfrac{\partial v}{\partial z} = L\dfrac{\partial i}{\partial t} + Ri & (2.1) \\ -\dfrac{\partial i}{\partial z} = C\dfrac{\partial v}{\partial t} + Gv & (2.2) \end{cases}$$

式 (2.1)，(2.2) を**電信方程式**（telegrapher's equation）と呼んでいる．ここでもし伝送線路の直列抵抗成分および絶縁体のコンダクタンス成分がともにゼロ（$R = G = 0$）とすると，容易に電流 i を消去できて，

$$\frac{\partial^2 v}{\partial z^2} = LC\frac{\partial^2 v}{\partial t^2}$$

という，電圧 v の波動を表す方程式を得る．逆に電圧 v を消去しても，電流 i について同様な波動方程式が得られる．すなわち，図 2.1 の分布定数線路上では，電圧や電流は「波動」として伝わるのである．

2.1.2 電信方程式の解と伝搬定数

波動として伝わるのであるならば，交流回路理論で学んだように，電圧，電流を正弦波と考えて次のようにおいてみよう．

$$v = \mathrm{Re}[\sqrt{2}V(z)e^{j\omega t}], \qquad i = \mathrm{Re}[\sqrt{2}I(z)e^{j\omega t}] \tag{2.3}$$

ここで V, I は，交流回路理論同様に，電圧，電流の複素振幅であり，$\sqrt{2}$ は，$|V|$, $|I|$ が実効値を表すようにするための係数である．ただし，集中定数の交流回路と違って，線路上の場所によって電圧，電流が異なることを取り入れるため，複素振幅が位置 z の関数になっていることに注意して欲しい．e, j, ω, t がそれぞれ，自然対数の底，虚数単位，波の角周波数，時間を表すことは，交流回路理論と同様である．

さて，これらを (2.1)，(2.2) へ代入すると

$$\begin{cases} -\dfrac{dV}{dz} = (R + j\omega L)I \triangleq ZI & (2.4) \\ -\dfrac{dI}{dz} = (G + j\omega C)V \triangleq YV & (2.5) \end{cases}$$

を得る．さらに (2.4) を z で微分し，(2.5) を代入すれば，

$$\frac{d^2 V}{dz^2} = ZYV \tag{2.6}$$

という最も簡単な 2 階線形常微分方程式が得られる．この解は $e^{\lambda z}$ 形であるから，これを (2.6) の V に代入すると

$$\lambda^2 = ZY \tag{2.7}$$

を得る．従って，λ は

$$\lambda = \pm\sqrt{ZY} = \pm\sqrt{(R + j\omega L)(G + j\omega C)} \tag{2.8}$$

と求められる．ちなみに (2.7) を，微分方程式 (2.6) に付随する**特性方程式** (characteristic equation) と呼ぶ．

ここで $R \ll \omega L$, $G \ll \omega C$ と仮定すると（伝送線路を作るにあたっては，ロスのもとになる R や G は極力小さくしようとするのが普通なので，この仮定は受け入れやすい）

$$(2.8) = \pm\sqrt{j\omega L\left(1 + \frac{R}{j\omega L}\right) j\omega C \left(1 + \frac{G}{j\omega C}\right)}$$
$$\cong \pm j\omega\sqrt{LC}\left(1 + \frac{R}{2j\omega L}\right)\left(1 + \frac{G}{2j\omega C}\right)$$

2.1 分布定数線路

$$\cong \pm j\omega\sqrt{LC}\left(1 + \frac{R}{2j\omega L} + \frac{G}{2j\omega C}\right)$$

$$= \pm \left(\underbrace{\frac{R\sqrt{C/L} + G\sqrt{L/C}}{2}}_{\alpha} + \underbrace{j\omega\sqrt{LC}}_{\beta}\right) \quad (2.9)$$

と表される．ここで (2.9) の実部を α，虚部を β と呼ぶことにする．さて，新たに $\gamma \triangleq \alpha + j\beta$ で定義される定数 γ を導入すると，(2.6) の一般解は結局

$$V(z) = Ae^{-\gamma z} + Be^{\gamma z} \quad (2.10)$$

と表されることになる．A, B は境界条件により定まる積分定数である．

この V を (2.4) に代入すると，

$$-\frac{dV}{dz} = -A(-\gamma)e^{-\gamma z} - B\gamma e^{\gamma z} \Rightarrow ZI$$

となり，一方，$\gamma = \sqrt{ZY}$ であることに注意すれば，電流 $I(z)$ を

$$I(z) = A\sqrt{\frac{Y}{Z}}e^{-\gamma z} - B\sqrt{\frac{Y}{Z}}e^{\gamma z} \quad (2.11)$$

と表せる．以上で，分布定数線路上の電圧複素振幅，電流複素振幅の一般解が求まった．

さて，求めた電圧複素振幅 (2.10) を (2.3) へ代入すると，我々が観測できる（真の）電圧 v が次のように求められる：

$$v = \text{Re}\left[\sqrt{2}\left(Ae^{-(\alpha+j\beta)z}e^{j\omega t} + Be^{(\alpha+j\beta)z}e^{j\omega t}\right)\right]$$

$$= \text{Re}\left[\sqrt{2}A\underbrace{e^{-\alpha z}e^{j(\omega t - \beta z)}}_{\text{図 2.2 左}} + \sqrt{2}B\underbrace{e^{\alpha z}e^{j(\omega t + \beta z)}}_{\text{図 2.2 右}}\right] \quad (2.12)$$

右辺第 1 項と第 2 項の波動を表す部分をそれぞれ描いたのが，図 2.2 である．交流回路理論でもこのような姿の振動（減衰振動）を学んだと思うが，それは時間軸上の波形であった．一方，図 2.2 では，軸が空間軸（z 軸）であることに注意して欲しい．

波のある位相 θ を与える位置 z は，図 2.2 左の場合であれば $\theta = \omega t - \beta z$ と

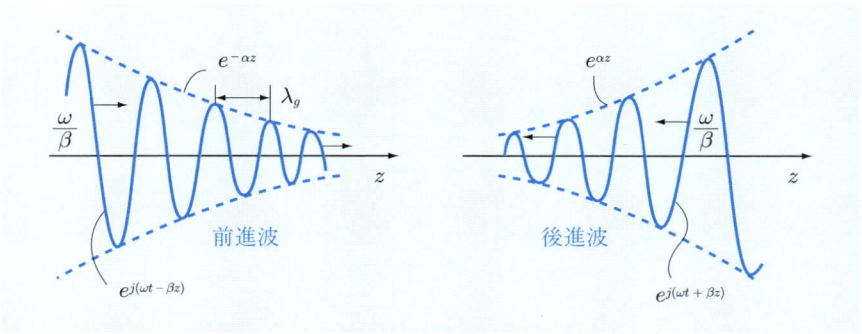

図 2.2 空間軸上の減衰振動

表され,$z = \frac{1}{\beta}(\omega t - \theta)$ に従って移動することとなる.その速度(**位相速度**:phase velocity) v_p は

$$v_p = \frac{\mathrm{d}z}{\mathrm{d}t} = \frac{\omega}{\beta} > 0 \tag{2.13}$$

と求められる.このとき v_p は正であるから,波は z の正方向に進んでいると言える.この意味で,図 2.2 左に表した (2.12) 右辺第 1 項の波を**前進波**と呼ぶ.一方,図 2.2 右の場合は $\theta = \omega t + \beta z$ と表されるので,

$$v_p = -\frac{\omega}{\beta} < 0$$

となって速度が負になる.そのため (2.12) 右辺第 2 項の波は**後進波**と呼ぶ.今の場合 $\beta = \omega\sqrt{LC}$ であったから,

$$v_p = \frac{1}{\sqrt{LC}} \tag{2.14}$$

となる.すなわち,分布定数線路上の電圧(および電流)波の位相速度は,線路の L, C が大きいほどおそい.

次に線路上の波長を λ_g とすると,λ_g だけ離れた点の間の位相差は 2π となることから方程式 $(\omega t - \beta z) + 2\pi = \omega t - \beta(z - \lambda_g)$ が導かれ,これより

$$\lambda_g = \frac{2\pi}{\beta} \tag{2.15}$$

となる.つまり,波長と定数 β は,逆数関係で一対一に結ばれている.

2.1 分布定数線路

ここで改めて，α, β, γ を次のように称することとする：

- α：**減衰定数**(attenuation constant)
- β：**位相定数**(phase constant)
- γ：**伝搬定数**(propagation constant)

波の振幅が単位長さあたりどのくらい減衰するかを表したのが α，波の位相が単位長さあたりどのくらい回転するかが β，両者を合わせて複素数でまとめて表したのが γ である．

ここまでの議論は電圧 v について行ってきたが，電流 i についても全く同様の議論を行うことができ，結論として，電流 i も同じ γ を有する前進波と後進波の和で表されることがわかる．

2.1.3 特性インピーダンス

さてここで，電圧前進波と後進波の複素振幅を

$$\overrightarrow{V} \triangleq Ae^{-\gamma z}, \quad \overleftarrow{V} \triangleq Be^{\gamma z} \tag{2.16}$$

電流前進波と後進波の複素振幅を

$$\overrightarrow{I} \triangleq A\sqrt{\frac{Y}{z}}e^{-\gamma z}, \quad \overleftarrow{I} \triangleq B\sqrt{\frac{Y}{z}}e^{\gamma z} \tag{2.17}$$

と定義することにすると，(2.10), (2.11) は

$$\begin{cases} V = \overrightarrow{V} + \overleftarrow{V} & (2.18) \\ I = \overrightarrow{I} - \overleftarrow{I} & (2.19) \end{cases}$$

と書くことができる．(2.19) が差の形になっていることは，図 2.3 より理解されよう．

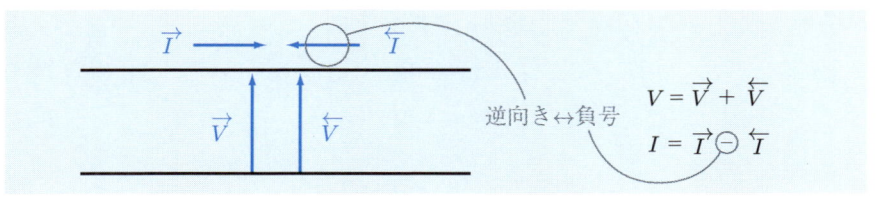

図 2.3 線路上の前進波と後進波の複素振幅

今，前進波のみに着目し，$\vec{V}/\vec{I}$（インピーダンスの次元）を計算すると

$$\frac{\vec{V}}{\vec{I}} = \frac{Ae^{-\gamma z}}{A\sqrt{\frac{Y}{Z}}e^{-\gamma z}} = \sqrt{\frac{Z}{Y}} \triangleq Z_0 \tag{2.20}$$

Z_0 は，単位長さあたりのインピーダンス Z とアドミタンス Y という線路固有の量のみで決まる定数であって，この Z_0 を**特性インピーダンス**（characteristic impedance）と呼ぶ．同様に $\overleftarrow{V}/\overleftarrow{I}$ も Z_0 になる．

Z_0 を L, C, R, G で表すと

$$\begin{aligned}Z_0 &= \sqrt{\frac{R+j\omega L}{G+j\omega C}} = \sqrt{\frac{j\omega L\left(1+\frac{R}{j\omega L}\right)}{j\omega C\left(1+\frac{G}{j\omega C}\right)}} \\ &\cong \sqrt{\frac{L}{C}}\left(1+\frac{R}{2j\omega L}\right)\left(1-\frac{G}{2j\omega C}\right) \\ &\cong \sqrt{\frac{L}{C}}\left\{1-j\left(\frac{R}{2\omega L}-\frac{G}{2\omega C}\right)\right\}\end{aligned} \tag{2.21}$$

（ただし，$R \ll \omega L$, $G \ll \omega C$ を仮定）となる．

損失がない（$R = G = 0$）か，あっても小さい場合は，Z_0 は純抵抗（実数）としてさしつかえなく，

$$Z_0 \cong \sqrt{\frac{L}{C}} \quad [\Omega] \tag{2.22}$$

となる．

2.1.4 ケーススタディ1：無限長線路

次に無限長の線路の一端に，電圧複素振幅 V_g，内部インピーダンス Z_g の交流電源を接続して波動を励振することを考える（図 2.4）．線路端に現れる電圧と電流を V_0, I_0 とする．この場合，境界条件は，

$$\begin{cases} V(z=0) = V_0 & (2.23) \\ V(z \to \infty) \to 0 & (2.24) \end{cases}$$

である．

一般解は (2.10) の通り $V = Ae^{-(\alpha+j\beta)z} + Be^{(\alpha+j\beta)z}$ であるから

2.1 分布定数線路

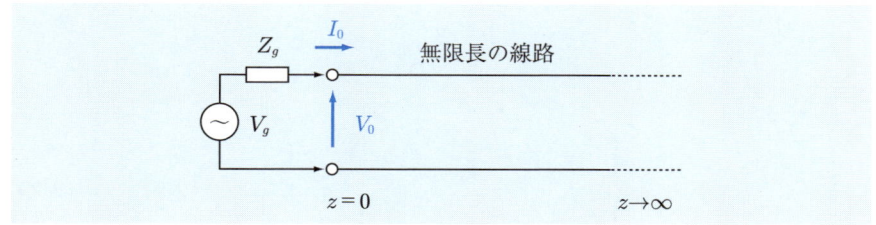

図 2.4　無限長の線路の励振

$$(2.24) \text{ を満たすために } \quad B = 0$$
$$(2.23) \text{ を満たすために } \quad A = V_0 \tag{2.25}$$

でなくてはならない．一方，$z = 0$ で線路に流入する電流 I_0 は (2.11) より

$$I_0 = A\sqrt{\frac{Y}{Z}} = \frac{A}{Z_0} \tag{2.26}$$

従って，$z = 0$ で線路を見たときのインピーダンスは

$$\frac{V_0}{I_0} = A \cdot \frac{Z_0}{A} = Z_0 \tag{2.27}$$

となる．つまり，無限に長い線路の入力インピーダンスは線路の特性インピーダンスに等しい．

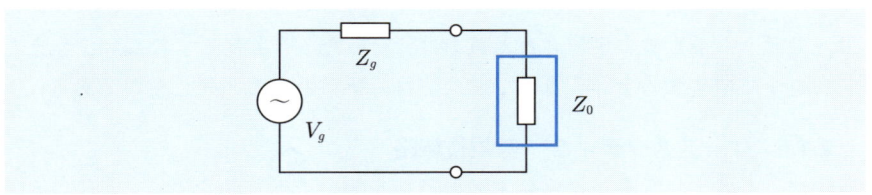

図 2.5　無限長線路の等価回路

ここで 1 つの疑問が湧く．すなわち，線路はリアクタンス L, C だけからできているのに（R, G は無視している）入力インピーダンスが実数値，つまり純抵抗となるのはなぜだろうか？この疑問はまもなく解消されることとなる．

さて，励振端（$z = 0$）ではオームの法則から $V_g = Z_g I_0 + V_0$ が成立するので，これと (2.25)，(2.26) を連立すると A が決定できる：

$$A = \frac{V_g}{\frac{Z_g}{Z_0} + 1} \tag{2.28}$$

よって

$$\begin{cases} V = \overrightarrow{V} = \dfrac{Z_0 V_g}{Z_0 + Z_g} e^{-(\alpha+j\beta)z} \\ I = \overrightarrow{I} = \dfrac{V_g}{Z_0 + Z_g} e^{-(\alpha+j\beta)z} \end{cases} \tag{2.29}$$

のように電圧と電流を完全に求めることができる．$B=0$ なので，後進波は存在しない．

さらに位置 z における電力 P は，交流理論と同様に計算され，

$$P = \mathrm{Re}\{VI^*\} = \left|\frac{V_g}{Z_0 + Z_g}\right|^2 e^{-2\alpha z} \cdot \mathrm{Re}\{Z_0\} \tag{2.30}$$

となる．これは形式的に次のように変形される：

$$P = \frac{|V_g|^2}{4\mathrm{Re}\{Z_g\}} \cdot \frac{4\mathrm{Re}\{Z_g\} \cdot \mathrm{Re}\{Z_0\}}{|Z_g + Z_0|^2} \cdot e^{-2\alpha z} \tag{2.31}$$

式の右辺第 1 項は信号源の供給し得る最大電力（負荷整合時），第 2 項は Z_g と Z_0 の不整合による目減り分（$Z_g^* = Z_0$ のとき整合し，1 になる），第 3 項は線路によるジュール損（R, G によるもの）にそれぞれ対応する．

さて，先般の疑問に立ち戻ると，無限長線路の場合，後進波が存在しないので，電源から前進波に供給された電力は，行ったっきり帰ってこない．与えた電力を全て損失するという意味で，抵抗負荷を繋いだのと同じなのである．

2.1.5 ケーススタディ 2：有限長線路

次に，長さ l の有限長線路に電源と負荷を繋いだケースを考える（図 2.6）．負荷のインピーダンスを Z_l，負荷端での電圧，電流をそれぞれ V_l, I_l とする．このとき，$z=0$ では，

$$\begin{cases} V(z=0) = A + B \Rightarrow V_0 \\ I(z=0) = \dfrac{A}{Z_0} - \dfrac{B}{Z_0} \Rightarrow I_0 \end{cases} \tag{2.32}$$

が成り立たねばならない．また $z=l$ では，

2.1 分布定数線路

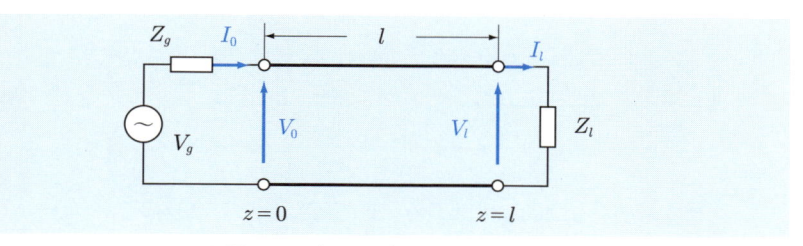

図 2.6 有限長線路の励振

$$\begin{cases} V(z=l) = Ae^{-\gamma l} + Be^{\gamma l} \Rightarrow V_l \\ I(z=l) = \dfrac{A}{Z_0}e^{-\gamma l} - \dfrac{B}{Z_0}e^{\gamma l} \Rightarrow I_l \end{cases} \tag{2.33}$$

が成り立つ必要がある．一方，電源端，負荷端ではそれぞれの場所でのオームの法則

$$V_g = Z_g I_0 + V_0, \qquad V_l = Z_l I_l \tag{2.34}$$

が満たされなければならない．これら 6 個の方程式を連立させれば，6 個の未知数 A, B, V_0, I_0, V_l, I_l が決定できる．ここでは簡単のため，電源端での整合条件 $Z_g = Z_0$ が満たされているとすると，A, B が

$$A = \frac{V_g}{2}, \qquad B = \frac{V_g}{2} \cdot \frac{Z_l - Z_0}{Z_l + Z_0} e^{-2\gamma l} \tag{2.35}$$

と求められる（章末問題）．線路上の位置 z における電圧，電流は従って

$$\begin{cases} V = \dfrac{V_g}{2}e^{-\gamma z} + \dfrac{V_g}{2}e^{-\gamma l} \cdot \dfrac{Z_l - Z_0}{Z_l + Z_0} e^{-\gamma(l-z)} \\ I = \dfrac{V_g}{2Z_0}e^{-\gamma z} - \dfrac{V_g}{2Z_0}e^{-\gamma l} \cdot \dfrac{Z_l - Z_0}{Z_l + Z_0} e^{-\gamma(l-z)} \end{cases} \tag{2.36}$$

と求めることができる．

2.1.6 反射係数

ここで，負荷端（$z=l$）における**電圧反射係数**（voltage reflection coefficient）を

$$\Gamma_l \triangleq \frac{Z_l - Z_0}{Z_l + Z_0}, \qquad |\Gamma_l| < 1 \tag{2.37}$$

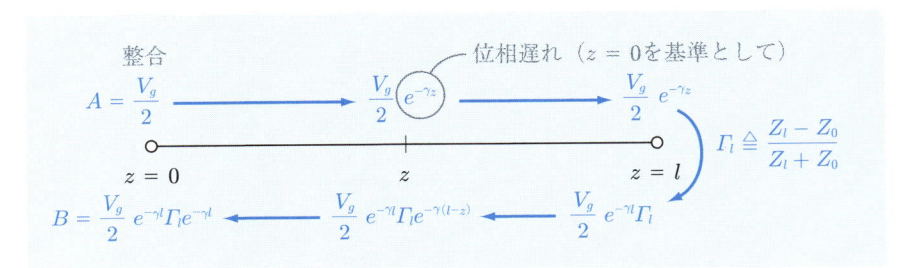

26 第 2 章 高周波伝送線路の回路論的取り扱い

図 2.7 有限長線路上の前進波と後進波

と定義することにする．なんとなれば，負荷端で $(Z_l - Z_0)/(Z_l + Z_0)$ の割合だけ前進波が後進波に「反射」されると考えると，図 2.7 に示すように，線路上の任意の位置での電圧と電流が (2.36) によって与えられるわけが説明できるからである．またもし $Z_l = Z_0$ なら，(2.36) から $\Gamma_l = 0$ となる．つまり線路を，その特性インピーダンスに等しい負荷で終端すれば反射波はなくなり，前進波の全電力が負荷 Z_l に消費されることになる（負荷端での整合条件）．

以上の議論により，前進波は（負荷に対する）**入射波**（incident wave），後進波は**反射波**（reflected wave）と呼び直すこともできる．

2.1.7 定在波

さて，互いに逆方向へ伝搬する波があるときは，**定在波**（standing wave）の形成されることが知られている．バイオリンやギターの弦の振動，レーザ光の干渉縞等が，目に見える定在波としては代表的である．伝送線路上にも逆方向に伝搬する電圧，電流の波動が存在するので，同じことが起こり得る．

ここで (2.17) に従い，入射波と反射波の電圧複素振幅をそれぞれ $\overrightarrow{V} = Ae^{-j\beta z}$, $\overleftarrow{V} = Be^{j\beta z}$ と表すと，全電圧は

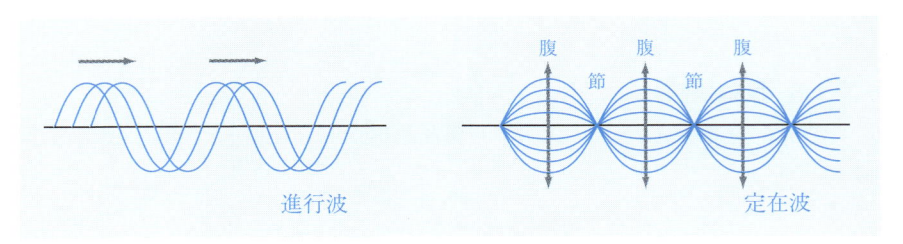

図 2.8 進行波と定在波

$$V = \overrightarrow{V} + \overleftarrow{V} = \underbrace{(A-B)e^{-j\beta z}}_{\text{進行波}} + \underbrace{B \cdot 2\cos\beta z}_{\text{定在波}} \qquad (2.38)$$

と表すこともできる．ただし，ここで $A > B$ を仮定したが，入射波の振幅が反射波のそれより大きいと仮定するのは自然であろう．式の第3辺第1項を見ると，大きさは z によらないが位相は z に従って回転しており，純**進行波**を表すことがわかる．

一方，第2項は反対に，大きさは z によるが位相は z によらない形をしており，これが定在波を表している．すなわち，入射波と反射波が合わさると，入射波の一部が反射波とともに定在波を形成し，余った入射波が純粋な進行波として残存することになる．一般には定在波と進行波が混ざった波動が現れる．

図 2.8 に示すように，進行波では全ての場所で同じ振幅の振動が観測されるのに対し，定在波では激しく振動する場所と全く振動しない場所が空間上に交互に現れる．前者を定在波の**腹**（loop または antinode），後者を定在波の**節**（node）と呼ぶ．腹や節は時間が経っても移動せず，常に同じ位置にある（定在している）ことに注意して欲しい．従って，人が定在波の節で電圧を観測すると，いつまでたっても針が振れないので，その線路には電気が通っていないのではないかと錯覚するが，実際には右向きの波と左向きの波が拮抗してたまたまその場所で電圧が相殺されているだけであって，立ち位置を少し右または左に移動すれば，直ぐに交流電圧が観測されるようになる．

2.1.8 反射係数の拡張

反射係数の概念を拡張し，線路上の任意の点 z における電圧の入射波と反射波の比を，その点における電圧反射係数 Γ と呼ぶことにする．すなわち

$$\Gamma \triangleq |\Gamma|e^{j\theta} = \frac{\overleftarrow{V}}{\overrightarrow{V}} = \frac{Be^{j\beta z}}{Ae^{-j\beta z}} = \frac{B}{A}e^{j2\beta z} = \left|\frac{B}{A}\right|e^{j(2\beta z + \phi)} \qquad (2.39)$$

ただし，ここで $\alpha \cong 0$ と仮定し，かつ

$$\phi \triangleq \arg\left(\frac{B}{A}\right), \qquad \theta \triangleq 2\beta z + \phi \qquad (2.40)$$

とおいた．

受動負荷の場合は，反射波の方が入射波よりも同じか常に小さいので（反射

波の方が入射波より大きくなることは，エネルギー保存則に照らしてあり得ない），$|\varGamma| = \left|\frac{B}{A}\right| \leq 1$ が成り立つ．また任意の z に対し，$|\varGamma|$ は一定であるが，偏角 θ が (2.40) に従って変化する．従って $\varGamma$ ベクトルを複素平面上に図示すると，その先端の軌跡は半径 $|\varGamma|$ の円になる（図 2.9）．

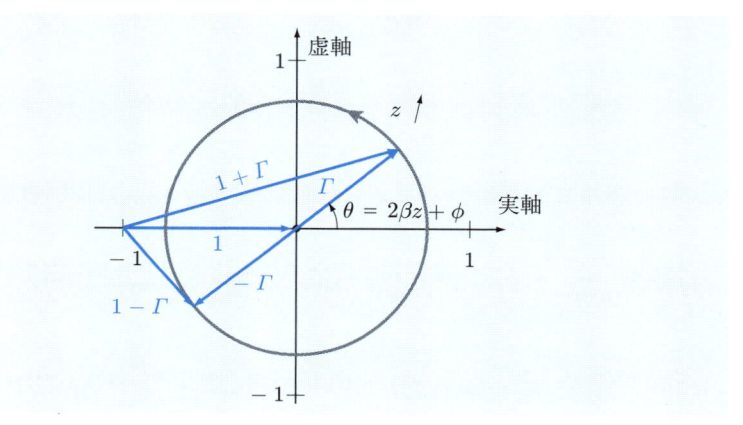

図 2.9 複素平面上に示した反射係数 $\varGamma$

次に $|V|$ を $\varGamma$ で表現すると，

$$|V| = |\vec{V} + \varGamma \vec{V}| = |A| \cdot |1 + \varGamma| \tag{2.41}$$

ここで入射電圧振幅 A は一定なので，定在波成分による $|V|$ の z 方向の変化は，関数 $|1 + \varGamma|$ により与えられる．これは，図 2.9 のように，作図によって求められる．

一方電流 $|I|$ は，

$$|I| = |\vec{I} - \overleftarrow{I}| = \left|\frac{\vec{V}}{Z_0} - \frac{\overleftarrow{V}}{Z_0}\right| = \left|\frac{\vec{V}}{Z_0} - \frac{\varGamma \vec{V}}{Z_0}\right| = \frac{1}{Z_0}|A| \cdot |1 - \varGamma| \tag{2.42}$$

となって，その z 方向の変化は $|1 - \varGamma|$ に従うことになる．$|1 - \varGamma|$ の方も，図 2.9 の作図によって求められる．

2.1.9 線路上の電圧分布

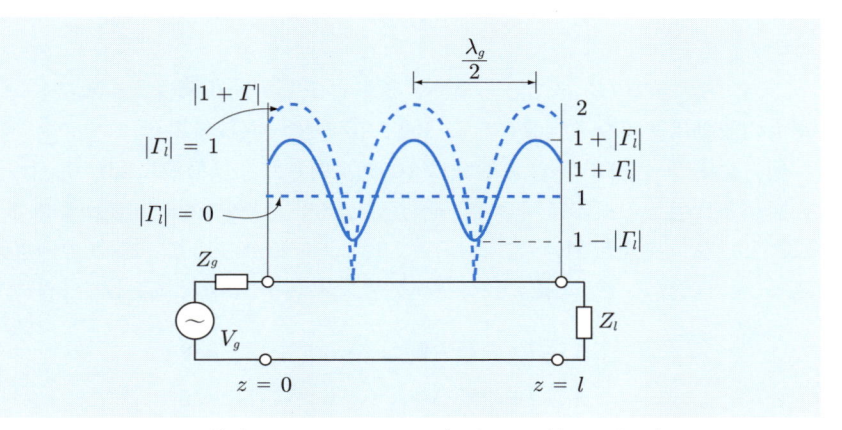

図 2.10 線路上の電圧 $|V|$ の分布（$|A|$ で割ってある）

図 2.10 において，$z = l$ における $\varGamma$ を求めてみよう．(2.35) を用いれば，

$$\varGamma(z = l) = \frac{B}{A} e^{j2\beta l} = \frac{\frac{V_g}{2} \frac{Z_l - Z_0}{Z_l + Z_0} e^{-j2\beta l}}{\frac{V_g}{2}} e^{j2\beta l}$$

$$= \frac{Z_l - Z_0}{Z_l + Z_0} \tag{2.43}$$

と求められる．これは，当然ながら (2.37) の負荷端での反射係数 $\varGamma_l$ に一致する．逆に $B/A = \varGamma_l e^{-j2\beta l}$ の関係を用いて，一般の $\varGamma$ を $\varGamma_l$ で表現すると

$$\varGamma = \frac{B}{A} e^{j2\beta z} = \varGamma_l e^{j2\beta(z-l)} \tag{2.44}$$

よって $|\varGamma| = |\varGamma_l|$ である．ということは，$|V|$ の z 方向のプロファイルは，$|1 + \varGamma_l e^{j2\beta(z-l)}|$ により定まる．最大値は $1 + |\varGamma_l|$，最小値は $1 - |\varGamma_l|$ に対応する．図 2.10 を眺めて，この間の事情をよく理解して欲しい．

さて (2.44) の関数の周期を $\varDelta z$ とすると，$\varDelta z$ は $2\beta \varDelta z = 2\pi$ の関係を満たすはずなので，(2.15) より

$$\varDelta z = \frac{\pi}{\beta} = \frac{\lambda_g}{2} \tag{2.45}$$

となる．すなわち電圧最大点（山）の間隔，もしくは最小点（谷）の間隔は，線路上の波長の半分（$\lambda_g/2$）であることがわかる．「**定在波間隔は半波長**」と覚えていて欲しい．

一方，$|\Gamma_l| = 0$（$Z_l = Z_0$）のとき，反射は生じず定在波は全く立たない．線路上の波動は純粋な進行波になる（図 2.10 の横一直線の場合）．

他方，$|\Gamma_l| = 1$ のとき，入射波は 100% 反射されて反射波に変わり，従って，入射波と反射波の振幅は同一で，進行波成分のない純粋な定在波が形成されることとなる（**完全反射**）．これは，(2.43) からわかる通り，$Z_l = 0$（短絡），$Z_l = \infty$（開放），$Z_l =$ 純虚数（リアクタンス）の際に起こる．$|\Gamma_l| = 1$ なので

$$|1+\Gamma| \text{ の最大値} \quad \rightarrow \quad 1+|\Gamma_l| = 2$$
$$|1+\Gamma| \text{ の最小値} \quad \rightarrow \quad 1-|\Gamma_l| = 0$$

となる．

$Z_l = 0$，つまり短絡負荷の場合には，$\Gamma_l = -1$ となるため，$|1+\Gamma_l| = 0$ である．よって短絡負荷端は電圧定在波の節になり，そこでは電圧は恒常的にゼロということになる．

$Z_l = \infty$，つまり開放負荷の場合には，$\Gamma_l = 1$ となるため，$|1+\Gamma_l| = 2$ である．よって開放負荷端は電圧定在波の腹になり，線路上で観測される最大の電圧と同じものがそこで観測されるはずである．

$Z_l =$ 純虚数，つまりリアクタンス負荷の場合には，$|\Gamma_l| = 1$ ではあっても，$|1+\Gamma_l|$ の値は 0 から 2 までの範囲でどんな値も取り得る．負荷端と電圧定在波との相対位置関係は，この情報からだけでは定まらない．

次に，$|\Gamma_l| = 1$ のときの定在波パターン（図 2.10 の破線や図 2.11）の関数形を求めてみよう．このとき，反射係数ベクトルの先端の軌跡を表す円は，図 2.12 に示すような半径 1 の円になる．幾何学的関係から，$|1+\Gamma|$ を次のように表すことができる：

$$|1+\Gamma| = \left|2 \cdot \cos\frac{\theta}{2}\right| = 2 \cdot \left|\cos\left(\beta z + \frac{\phi}{2}\right)\right| \tag{2.46}$$

従って，$|1+\Gamma|$ は，正弦関数の負の部分を折り上げた波形（図 2.13）になる．整流回路で全波整流を行った際に得られる波形と類似している．

2.1 分布定数線路

$Z_l = 0 \to \Gamma_l = -1 \to |1+\Gamma_l| = 0$

$Z_l = \infty \to \Gamma_l = 1 \to |1+\Gamma_l| = 2$

$Z_l = $ 純虚数

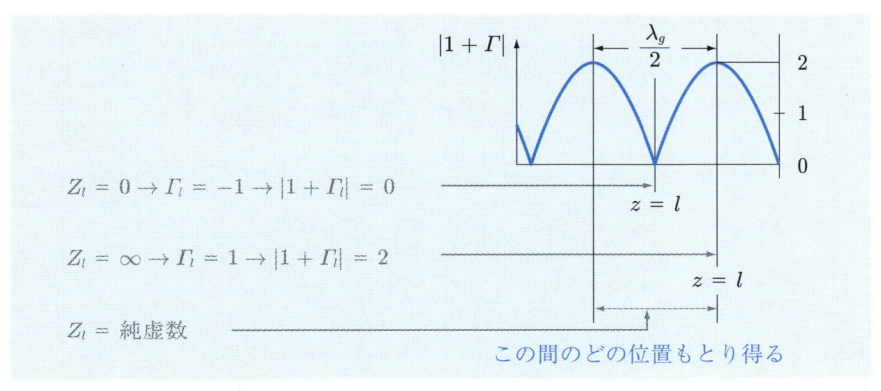

この間のどの位置もとり得る

図 2.11 完全反射の場合の電圧定在波パターンと各種負荷端との相対位置関係

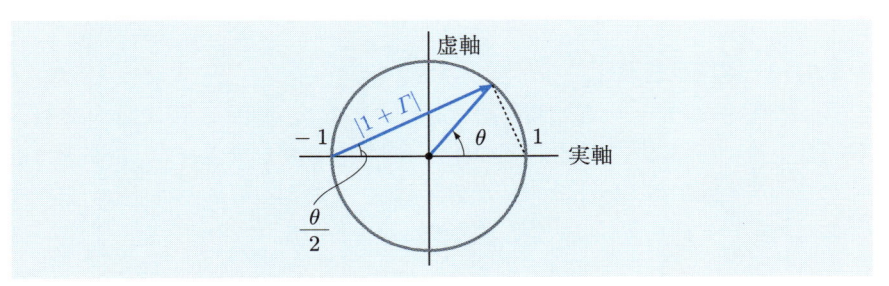

図 2.12 完全反射の場合の反射係数ベクトルの挙動

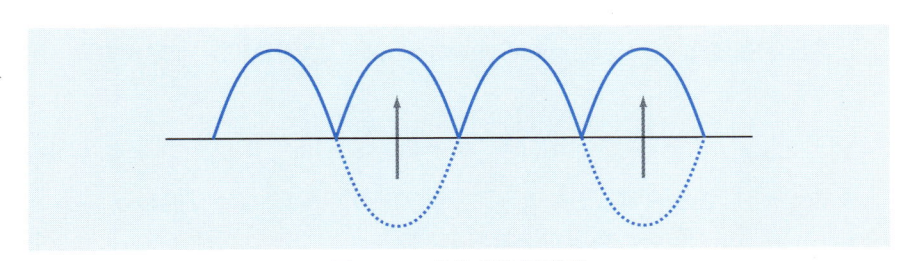

図 2.13 全波整流型波形

反射が完全ではなく,定在波と進行波が混在する一般の場合(例えば図 2.10 の実線の場合)には,電圧分布のパターンを (2.46) のように簡単な関数形で表すことはできない.前述の通り,図 2.9 上で z を変えながら $1+\Gamma$ の長さを読み取ってプロットするか,計算機を使う必要がある.

一方，**電流定在波**については，図 2.9 より，電圧が最小のとき電流は最大，電圧が最大のとき電流は最小になることは明らかであろう．従って，電流定在波は，電圧定在波を $\lambda_g/4$ だけずらした形（図 2.14）になる．

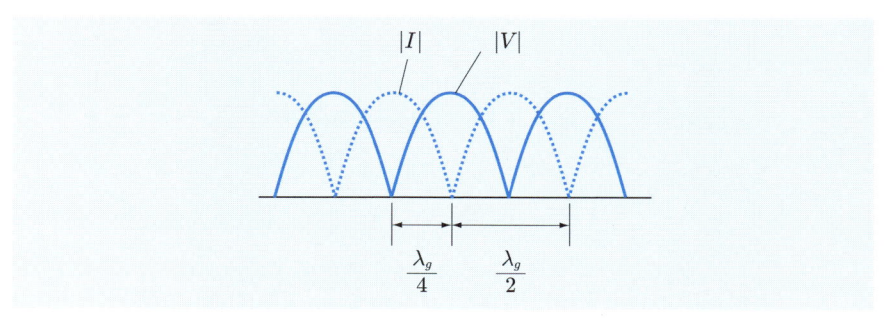

図 2.14 電流定在波パターンと電圧定在波パターンの相対位置関係

2.1.10 電圧定在波比

以上で学んだ通り，一般に高周波伝送線路上では，進行波（入射波）と後退波（反射波）が同時に存在し，その結果一部定在波が形成されて，線路上に電圧の高い所と低い所（電圧分布）が発生する．この電圧の最大値（山，定在波の腹に対応）と最小値（谷，定在波の節に対応）の比

$$\rho \triangleq \frac{|V|_{\max}}{|V|_{\min}} = \frac{1+|\varGamma_l|}{1-|\varGamma_l|} = \frac{1+|\varGamma|}{1-|\varGamma|} \tag{2.47}$$

を，**電圧定在波比**（voltage standing wave ratio : **VSWR**）と定義する．逆に $|\varGamma|$ を ρ で表すと

$$|\varGamma_l| = |\varGamma| = \frac{\rho-1}{\rho+1} \tag{2.48}$$

となる．ρ は定義から明らかなように，無反射のとき 1，完全反射のとき ∞ となり，一般の場合はその間の正実数値をとる．

電圧定在波比は，測定と関連して重要な量である．そのことを学ぶため，次の例を見てみよう．

2.1 分布定数線路

2.1.11 未知インピーダンスの測定

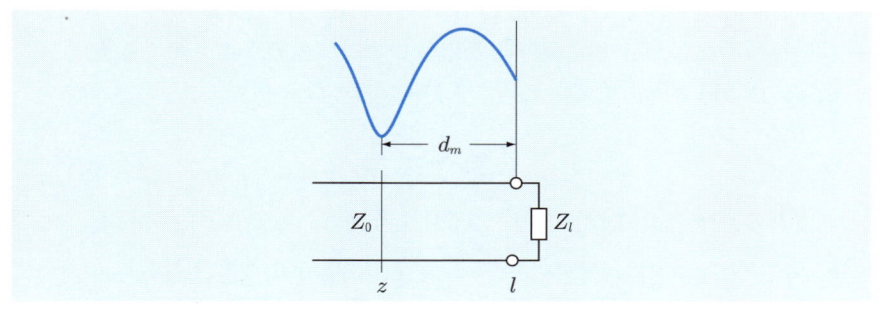

図 2.15 未知インピーダンスが作った電圧分布

図 2.15 に示すように，特性インピーダンス Z_0 の伝送線路の終端に未知のインピーダンス Z_l を繋いだとき，負荷側から測って距離 d_m のところに，最初の電圧最小点が現れたとする．点 $z = l - d_m$ では，(2.44) を用いて

$$|1 + \Gamma| = |1 + \Gamma_l e^{j2\beta(z-l)}| = |1 + \Gamma_l e^{-j2\beta d_m}| \tag{2.49}$$

となるが，この位置が最小電圧の点であることから，(2.49) が $1 - |\Gamma_l|$ に一致するはずである．よって方程式

$$|1 + \Gamma_l e^{-j2\beta d_m}| = 1 - |\Gamma_l| \tag{2.50}$$

が得られる．この両辺を 2 乗して

$$\begin{aligned}
1 - 2|\Gamma_l| + |\Gamma_l|^2 &= |1 + \Gamma_l e^{-j2\beta d_m}|^2 \\
&= (1 + \Gamma_l e^{-j2\beta d_m})(1 + \Gamma_l e^{-j2\beta d_m})^* \\
&= 1 + \Gamma_l e^{-j2\beta d_m} + \Gamma_l^* e^{j2\beta d_m} + |\Gamma_l|^2 \\
&= 1 + 2|\Gamma_l|\cos(\theta_l - 2\beta d_m) + |\Gamma_l|^2
\end{aligned} \tag{2.51}$$

を得る．ここで θ_l は Γ_l の偏角（$\Gamma_l = |\Gamma_l|e^{j\theta_l}$）である．これをさらに変形すれば

$$\cos(\theta_l - 2\beta d_m) = -1, \qquad \theta_l - 2\beta d_m = (2n+1)\pi$$

となり，最終的に

$$\theta_l = 2\beta d_m + (2n+1)\pi \tag{2.52}$$

を得る．すなわち測定で ρ と d_m を求めると，(2.48)，(2.52) から，負荷の電圧反射係数の振幅 $|\Gamma_l|$ と位相角 θ_l を計算によって定めることができる．

一方，(2.37) より，負荷インピーダンス Z_l が Γ_l を用いて

$$Z_l = Z_0 \frac{1+\Gamma_l}{1-\Gamma_l} \tag{2.53}$$

と表される．$|\Gamma_l|$ は (2.48)，θ_l は (2.52) で与えられるから，(2.53) は

$$\begin{aligned}Z_l &= Z_0 \frac{1+\frac{\rho-1}{\rho+1}e^{j(2\beta d_m+\pi)}}{1-\frac{\rho-1}{\rho+1}e^{j(2\beta d_m+\pi)}} = Z_0 \frac{-(\rho-1)e^{j\beta d_m}+(\rho+1)e^{-j\beta d_m}}{(\rho-1)e^{j\beta d_m}+(\rho+1)e^{-j\beta d_m}}\\ &= Z_0 \frac{\cos\beta d_m - j\rho\sin\beta d_m}{\rho\cos\beta d_m - j\sin\beta d_m}\end{aligned} \tag{2.54}$$

となる．つまり，未知の負荷インピーダンス Z_l が，ρ と d_m（電圧最小の位置）の測定から求められるわけである[*]．このことは，マイクロ波インピーダンスの測定法の 1 つとして知られている．

── 例題 2.1 ──

特性インピーダンス $50\,\Omega$ の線路の端部に未知インピーダンス Z の負荷を繋いだところ，負荷端から $3\,\mathrm{cm}$ のところに電圧最小点が現れ，電圧定在波比 ρ は 3 だったとする．線路上の波長は $30\,\mathrm{cm}$ である．以上をもとに，未知インピーダンス Z を求めよ．

【解答】 $Z_0 = 50\,[\Omega]$，$\rho = 3$，$d_m = 3\,[\mathrm{cm}]$，$\beta = 2\pi/30\,[\mathrm{rad/cm}]$ を (2.54) に代入して複素数の計算をすればよい：

$$Z = 50 \cdot \frac{\cos(2\pi/30 \cdot 3) - j\cdot 3 \cdot \sin(2\pi/30 \cdot 3)}{3\cdot\cos(2\pi/30 \cdot 3) - j\sin(2\pi/30 \cdot 3)} = 24 + j31 \quad [\Omega]$$

2.1.12 規格化インピーダンス

負荷インピーダンスと負荷反射係数の間にある (2.53) の関係を拡張し，特性

---

[*] むろん電圧最大の位置を測定しても負荷インピーダンスを決定できるが，節の方が腹より尖っているので測定で位置を定めやすい．

2.1 分布定数線路

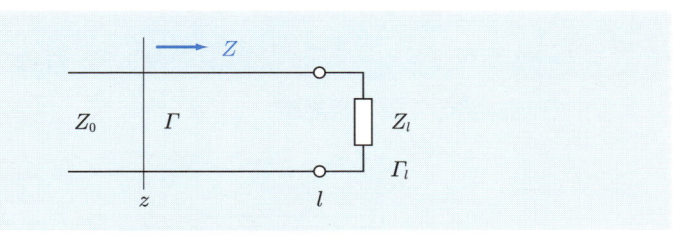

図 2.16 任意の位置 z から見たインピーダンス Z

インピーダンス Z_0 の線路上の任意の位置から右側（負荷側）を見たインピーダンス Z を，その位置での反射係数 Γ を用いて

$$Z = Z_0 \frac{1+\Gamma}{1-\Gamma} \tag{2.55}$$

と表すことにする．これに，(2.44), (2.37) を代入すると，

$$\frac{Z}{Z_0} = \frac{1+\Gamma_l e^{j2\beta(z-l)}}{1-\Gamma_l e^{j2\beta(z-l)}} = \frac{1+\frac{Z_l-Z_0}{Z_l+Z_0}e^{j2\beta(z-l)}}{1-\frac{Z_l-Z_0}{Z_l+Z_0}e^{j2\beta(z-l)}}$$

$$= \frac{Z_l - jZ_0 \tan\beta(z-l)}{Z_0 - jZ_l \tan\beta(z-l)} \tag{2.56}$$

を得る．この式を利用すれば，負荷 Z_l が与えられたときの，線路上の任意の位置でのインピーダンスが計算される．

特別な場合として，$Z_l = Z_0$（整合）のとき，あらゆる位置で $Z = Z_0$ となることがわかる．すなわち，反射のない線路の入力インピーダンスは，その線路の特性インピーダンスに等しくなるということである．

ここで

$$l - z \Rightarrow d, \qquad \frac{Z}{Z_0} \Rightarrow \hat{Z}, \qquad \frac{Z_l}{Z_0} \Rightarrow \hat{Z}_l \tag{2.57}$$

と置き換えると，(2.56) は

$$\hat{Z} = \frac{\hat{Z}_l + j\tan\beta d}{1 + j\hat{Z}_l \tan\beta d} \tag{2.58}$$

のように非常に簡単に表せる．このように Z_0 でノーマライズしたインピーダンスを**規格化インピーダンス**（normalized impedance）と呼び，記号 ^（ハット）で表すことにする．

2.2 4端子網表示

2.2.1 伝送線路の4端子網表現

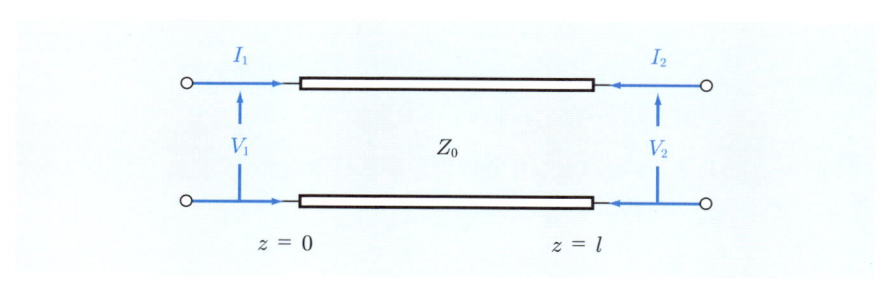

図 2.17 線路の4端子網表示

線路上の任意の位置の電圧と電流は，(2.10)，(2.11) で表される．これを図 2.17 に適用すると（I_2 の向きに注意）

$$\left.\begin{array}{rl} V_1 &= A + B \\ V_2 &= Ae^{-j\beta l} + Be^{j\beta l} \end{array}\right\} \tag{2.59}$$

$$\left.\begin{array}{rl} I_1 &= \dfrac{1}{Z_0}(A - B) \\ -I_2 &= \dfrac{1}{Z_0}(Ae^{-j\beta l} - Be^{j\beta l}) \end{array}\right\} \tag{2.60}$$

(2.60) を A, B について解くと，

$$\begin{pmatrix} A \\ B \end{pmatrix} = \frac{Z_0}{e^{-j\beta l} - e^{j\beta l}} \begin{pmatrix} -e^{j\beta l} & 1 \\ -e^{-j\beta l} & 1 \end{pmatrix} \begin{pmatrix} I_1 \\ -I_2 \end{pmatrix} \tag{2.61}$$

が得られ，これを (2.59) に代入することで

$$\begin{pmatrix} V_1 \\ V_2 \end{pmatrix} = \begin{pmatrix} 1 & 1 \\ e^{-j\beta l} & e^{j\beta l} \end{pmatrix} \cdot \frac{Z_0}{e^{-j\beta l} - e^{j\beta l}} \begin{pmatrix} -e^{j\beta l} & 1 \\ -e^{-j\beta l} & 1 \end{pmatrix} \begin{pmatrix} I_1 \\ -I_2 \end{pmatrix}$$

$$= \frac{Z_0}{-2j\sin\beta l} \begin{pmatrix} -2\cos\beta l & -2 \\ -2 & -2\cos\beta l \end{pmatrix} \begin{pmatrix} I_1 \\ I_2 \end{pmatrix}$$

2.2 4端子網表示

$$= \begin{pmatrix} -jZ_0 \cot\beta l & -jZ_0\mathrm{cosec}\beta l \\ -jZ_0\mathrm{cosec}\beta l & -jZ_0\cot\beta l \end{pmatrix} \begin{pmatrix} I_1 \\ I_2 \end{pmatrix}$$

$$= \begin{pmatrix} Z_{11} & Z_{12} \\ Z_{21} & Z_{22} \end{pmatrix} \begin{pmatrix} I_1 \\ I_2 \end{pmatrix} \tag{2.62}$$

を得る．ただし，ここで

$$Z_{11} = Z_{22} \triangleq -jZ_0\cot\beta l, \qquad Z_{12} = Z_{21} \triangleq -jZ_0\mathrm{cosec}\beta l \tag{2.63}$$

とおいた．(2.62) の行列 $\begin{pmatrix} Z_{11} & Z_{12} \\ Z_{21} & Z_{22} \end{pmatrix}$ は，長さ l の線路を4端子網（あるいは2端子対網）と見立てた場合の**インピーダンス行列**（impedance matrix）である．これを4端子網の公式を用いて縦続行列表現に改めると

$$\begin{pmatrix} V_1 \\ I_1 \end{pmatrix} = \begin{pmatrix} A & B \\ C & D \end{pmatrix} \begin{pmatrix} V_2 \\ -I_2 \end{pmatrix} = \frac{1}{Z_{21}}\begin{pmatrix} Z_{11} & |Z| \\ 1 & Z_{22} \end{pmatrix}\begin{pmatrix} V_2 \\ -I_2 \end{pmatrix}$$

$$= \begin{pmatrix} \cos\beta l & jZ_0\sin\beta l \\ jY_0\sin\beta l & \cos\beta l \end{pmatrix} \begin{pmatrix} V_2 \\ -I_2 \end{pmatrix} \tag{2.64}$$

が得られる．ただし，ここで $|Z|$ は，インピーダンス行列の行列式を表す．

2.2.2 線路によるインピーダンス変換

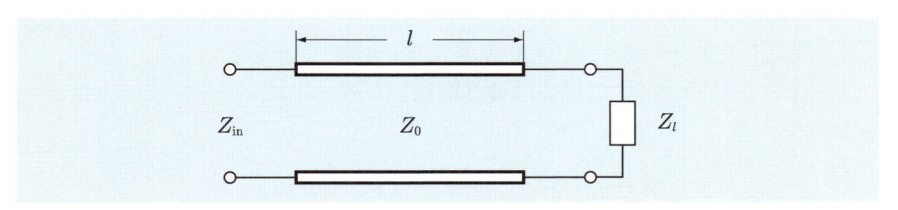

図 2.18 負荷を線路の反対側から見てみると

図 2.18 において，図 2.17 で定義した電圧と電流を用い，左端と右端でそれぞれオームの法則を適用すると

$$Z_\mathrm{in} = \frac{V_1}{I_1}, \qquad Z_l = \frac{V_2}{-I_2} \tag{2.65}$$

の関係を得る．

第 2 章　高周波伝送線路の回路論的取り扱い

一方，(2.64) より

$$\frac{V_1}{I_1} = \frac{AV_2 + B(-I_2)}{CV_2 + D(-I_2)} = \frac{A\frac{V_2}{-I_2} + B}{C\frac{V_2}{-I_2} + D} \tag{2.66}$$

従って

$$\begin{aligned}Z_{\text{in}} &= \frac{AZ_l + B}{CZ_l + D} = \frac{\cos\beta Z_l \cdot Z_l + jZ_0 \sin\beta l}{jY_0 \sin\beta l \cdot Z_l + \cos\beta l} \\ &= Z_0 \frac{Z_l + jZ_0 \tan\beta l}{Z_0 + jZ_l \tan\beta l} = \frac{\hat{Z}_l + j\tan\beta d}{1 + j\hat{Z}_l \tan\beta d}\end{aligned} \tag{2.67}$$

これは，入射波，反射波の概念を用いて求めた (2.58) に一致する．同じ結論を得るのに，このように回路論的取り扱いをした方が早く到達できることも多い．しかし，なぜそうなるかの物理的描像も見失いやすいので注意が必要である．いずれにせよ，この結論から言えることは，

線路によってインピーダンス Z_l がインピーダンス Z_{in} に変換される

ということである．以下で具体的事例を見てゆこう．

ケース 1：半波長線路

線路の長さが 4 分の 1 波長の偶数倍の場合を考える．このとき

$$l = 2n \cdot \frac{\lambda_g}{4} = \frac{n\lambda_g}{2} \quad (n = 0, 1, 2 \cdots) \tag{2.68}$$

となるので，このような線路を**半波長線路**と一般に呼ぶ．(2.68) を (2.67) に代入すると

$$\beta l = \frac{2\pi}{\lambda_g} \cdot \frac{n\lambda_g}{2} = n\pi \quad \rightarrow \quad \tan\beta l = 0$$

よって

$$Z_{\text{in}} = Z_l \tag{2.69}$$

つまり「半波長線路はインピーダンスを変換しない」ことがわかる．

ケース 2：4 分の 1 波長線路

次に線路の長さが 4 分の 1 波長の奇数倍の場合を考える．このような線路を一般に **4 分の 1 波長線路**と呼ぶ．このときは

2.2 4端子網表示

$$l = (2n+1)\frac{\lambda_g}{4} \quad (n = 0, 1, 2 \cdots) \tag{2.70}$$

となるので，$\beta l = (2n+1) \cdot \frac{\pi}{2}$，よって

$$Z_{\text{in}} = \frac{Z_0^2}{Z_l} \tag{2.71}$$

となり，Z_{in} は Z_l の逆数に比例するようになる．つまり「4分の1波長線路はインピーダンスを反転する」ことがわかる．例えば

$$\begin{cases} Z_l = j\omega L \text{ なら} \quad Z_{\text{in}} = \dfrac{1}{j\omega \frac{L}{Z_0^2}} \quad \text{（容量性）} \\ Z_l = \dfrac{1}{j\omega C} \text{ なら} \quad Z_{\text{in}} = j\omega C Z_0^2 \quad \text{（誘導性）} \end{cases}$$

となって，誘導性負荷は容量性負荷に，容量性負荷は誘導性負荷に「反転」される．

ケース3：短絡終端線路

線路端が短絡された場合，$Z_l = 0$ となることから

$$Z_{\text{in}} = jZ_0 \tan\beta l \tag{2.72}$$

と純リアクタンスになる．これはもちろん，$\alpha = 0$ を仮定していて，どこにも損失要因がないからである．誘導性になるか容量性になるかは，$\tan\beta l$ の符号による：

$$\tan\beta l > 0 \quad \leftrightarrow \quad 誘導性$$
$$\tan\beta l < 0 \quad \leftrightarrow \quad 容量性$$

また，l が丁度4分の1波長，2分の1波長のとき

$$l = \frac{\lambda_g}{4} \text{で} \quad Z_{\text{in}} = \infty \left(= \frac{Z_0^2}{0}\right)$$
$$l = \frac{\lambda_g}{2} \text{で} \quad Z_{\text{in}} = 0$$

となり，前者は**並列共振**状態，後者は**直列共振**状態とみなすことができる．図2.19に示す通り，これらは電圧定在波の腹と節に対応している．l がゼロから

大きくなってゆくに連れて，反対側から見たインピーダンスは誘導性 → 並列共振 → 容量性 → 直列共振と順に変化し，以後，半波長毎に同じことが繰り返される．

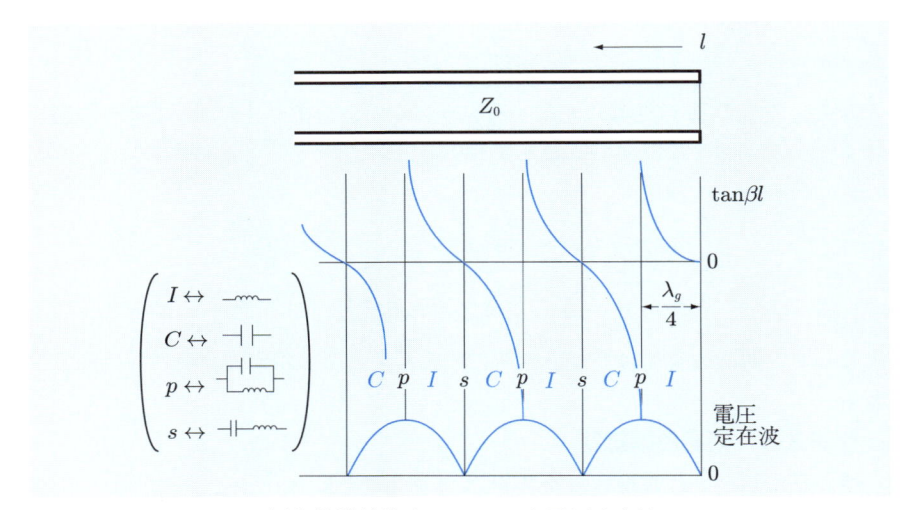

図 2.19　短絡終端線路上の $\tan\beta l$ と電圧定在波パターン

ケース 4：開放終端線路

線路端が開放された場合，$Z_l = \infty$ となることから

$$Z_{\mathrm{in}} = -jZ_0 \cot\beta l \tag{2.73}$$

これは，短絡の場合の図 2.19 を $\lambda_g/4$ だけ横にずらしたことに相当する．すなわち図 2.19 の $l = \lambda_g/4$ の位置を開放端とみなせば後は同じである．このことから逆に，4 分の 1 波長線路の一端を短絡することで開放端と全く同じ効果の得られることがわかる．現実には，線路を単に切断しただけでは $Z_l = \infty$ にはなかなかならない．むしろ線路端をショートする方が理想的短絡端を得られやすいので，4 分の 1 波長線路の一端を短絡して等価的に開放端を得る方が得策である．

2.3 スミスチャート

2.3.1 反射係数複素平面上の規格化インピーダンス

線路の任意の位置における反射係数 Γ は (2.39)，つまり $\Gamma = |\Gamma|e^{j\theta}$ と表され，線路上を移動すると θ のみが変化するのでこれを複素平面 (**反射係数平面**) 上にプロットすると半径 $|\Gamma|$ の円になる (図 2.9 参照)．ただし，前述の通り 入射波 $\geq$ 反射波 なので，$|\Gamma| \leq 1$，つまり軌跡円の半径は最大で 1，一般には 1 より小さい．

今，Γ の実部，虚部をそれぞれ u, v で表すことにし，またこの Γ に対応する規格化インピーダンスの実部 (規格化抵抗)，虚部 (規格化リアクタンス) をそれぞれ $\hat{R}$, $\hat{X}$ とおく．すなわち

$$\Gamma(= |\Gamma|e^{j\theta}) = u + jv \tag{2.74}$$

$$\hat{Z} = \hat{R} + j\hat{X} \tag{2.75}$$

これを (2.55) の関係に代入すると

$$\hat{R} + j\hat{X} = \frac{1 + u + jv}{1 - u - jv} \tag{2.76}$$

となる．よって，u, v, $\hat{R}$, $\hat{X}$ を結ぶ関係式として

$$\begin{cases} \hat{R} = \dfrac{(1-u)^2 - v^2}{(1-u)^2 + v^2} \tag{2.77} \\[2mm] \hat{X} = \dfrac{2v}{(1-u)^2 + v^2} \tag{2.78} \end{cases}$$

を得る．

反射係数平面上の抵抗値一定の軌跡

(2.77) を変形すると

$$\left(u - \frac{\hat{R}}{\hat{R}+1}\right)^2 + v^2 = \left(\frac{1}{\hat{R}+1}\right)^2 \tag{2.79}$$

を得る．この式は，中心が $\left(\frac{\hat{R}}{\hat{R}+1}, 0\right)$，半径が $\frac{1}{\hat{R}+1}$ の円群を表す式になっていることがわかる．また，どの円も座標 $(1, 0)$ を必ず通ることがわかる．

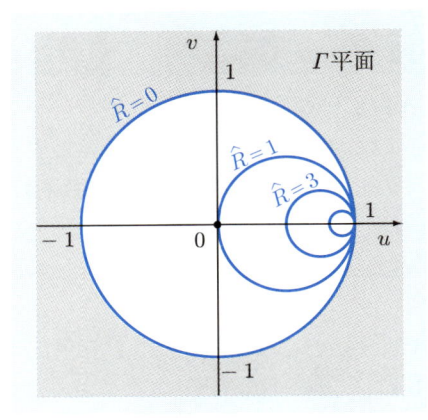

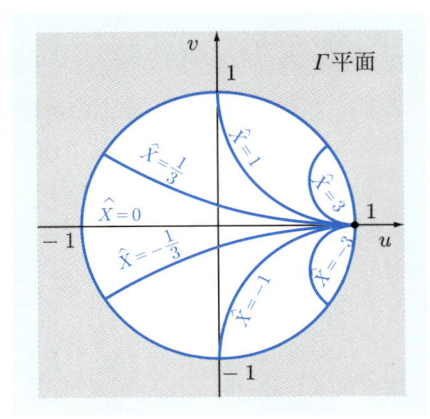

図 2.20 規格化抵抗値一定の円群　**図 2.21** 規格化リアクタンス値一定の円群

反射係数平面上のリアクタンス値一定の軌跡

(2.78) を変形すると

$$(u-1)^2 + \left(v - \frac{1}{\hat{X}}\right)^2 = \left(\frac{1}{\hat{X}}\right)^2 \tag{2.80}$$

を得る．この式は，$\left(1, \frac{1}{\hat{X}}\right)$ を中心とする，半径 $\left|\frac{1}{\hat{X}}\right|$ の円群を表す式になっている．また，どの円もやはり座標 $(1, 0)$ を必ず通ることがわかる．

2.3.2 スミスチャートの導入

以上の議論から，反射係数平面上に上記の円群を予め書き込んでおくと，伝送線路上のある位置での反射係数ベクトルを作図すれば，それに対応する規格化インピーダンスを計算せずに読み出せるようになる．このアイデアから生み出されたのが**スミスチャート**（Smith chart）である．すなわち

> スミスチャートとは，極座標 $(|\varGamma|, \theta)$ で目盛った反射係数平面上に抵抗値一定の円群，リアクタンス値一定の円群を重ねて描いたチャートのこと．

多くの場合，θ は波長に換算して目盛られており，半波長（0.5）で 1 周する．

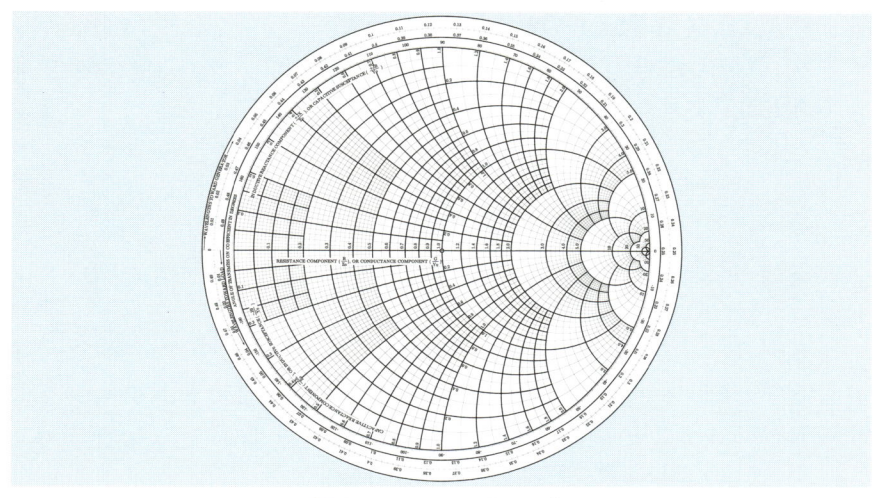

図 2.22 スミスチャート

2.3.3 定在波比 ρ と目盛の関係

(2.47) の定義から，ρ と Γ には

$$\rho \triangleq \frac{1+|\Gamma|}{1-|\Gamma|}$$

の関係がある．一方，Γ と $\hat{Z}$ は前述の通り

$$\Gamma = \frac{Z - Z_0}{Z + Z_0} = \frac{\hat{Z} - 1}{\hat{Z} + 1}$$

で結ばれている．

$\hat{Z} = \hat{R} > 1$（+u 軸上）のとき

規格化インピーダンスが純抵抗であって，かつ 1 より大きいとき，すなわち図 2.20 における +u 軸上のときには，上の式を用いて ρ を計算すると

$$\rho = \frac{1 + \frac{\hat{R}-1}{\hat{R}+1}}{1 - \frac{\hat{R}-1}{\hat{R}+1}} = \frac{\hat{R}+1+\hat{R}-1}{\hat{R}+1-\hat{R}+1} = \hat{R}$$

となって，スミスチャート上の $\hat{R}$ の目盛は，その線路上に発生している電圧定在波比 ρ の値に一致する．

$\hat{Z} = \hat{R} < 1$（$-u$ 軸上）のとき

一方，規格化インピーダンスが純抵抗であるものの 1 より小さいとき，すなわち図 2.20 における $-u$ 軸上のときには，

$$\rho = \frac{1 + \frac{1-\hat{R}}{\hat{R}+1}}{1 - \frac{1-\hat{R}}{\hat{R}+1}} = \frac{\hat{R}+1+1-\hat{R}}{\hat{R}+1-1+\hat{R}} = \frac{1}{\hat{R}}$$

となって，$\hat{R}$ の目盛は，その線路上に発生している電圧定在波比 ρ そのものではなく，その逆数に一致することがわかる．

つまり，スミスチャート上に反射係数の軌跡円を描くと，円と u 軸の交点の $\hat{R}$ 目盛が線路上の ρ ないし $1/\rho$ を表す．これは，計算せずとも作図で ρ が求められる，あるいは ρ がわかれば反射係数円を作図できる，ということを意味しており，便利な関係なので覚えておいて欲しい．

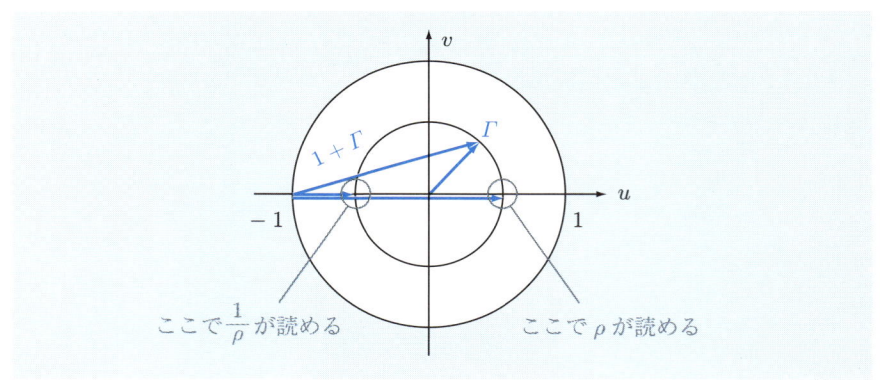

図 2.23 スミスチャート上で ρ が現れる場所

2.3.4 インピーダンス平面との対応

交流回路理論では，横軸を抵抗，縦軸をリアクタンスにとった平面をインピーダンス平面と呼んだ．抵抗に負はないので，右半分（第 1 象限と第 4 象限）のみの平面になる．スミスチャートは，反射係数平面の半径 1 の円内に向けて，規格化したインピーダンス平面を写像したものと見なすことができる．イメージとしては，インピーダンス平面のリアクタンス軸のプラス ∞ とマイナス ∞ を掴んで，抵抗軸プラス ∞ に向けてゴムひもを伸ばすように強引に引き延ばして

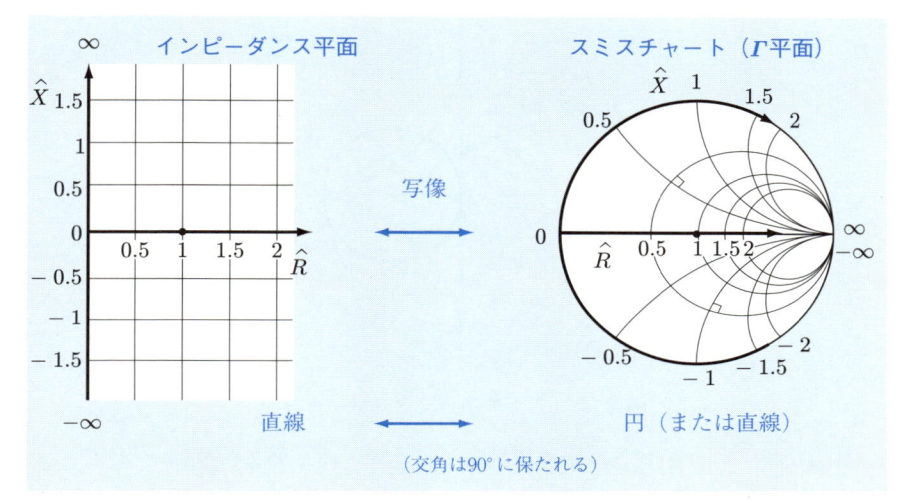

図 2.24 規格化インピーダンス平面とスミスチャートとの関係

行く感覚である．

このとき，規格化インピーダンス平面内の座標を示す格子，すなわち交角 90 度の直線群は，スミスチャート上のやはり交角 90 度の円群に変換されることになる（等角写像の一種）．スミスチャートの一番外側の円は，上半分がプラス $\hat{X}$ 軸，下半分がマイナス $\hat{X}$ 軸に対応し，左端から右端に中心を横切って走る直線が，$\hat{R}$ 軸に対応している．左端がインピーダンス平面の原点，右端が $+\hat{X}$，$-\hat{X}$，$\hat{R}$ の全てに対する無限大点に対応する．

2.3.5 スミスアドミタンスチャート

規格化アドミタンス $\hat{Y}$ を規格化インピーダンス $\hat{Z}$ の逆数で定義すると，(2.76) より，

$$\hat{Y} \triangleq \frac{1}{\hat{Z}} = \frac{1-\varGamma}{1+\varGamma} \tag{2.81}$$

となる．これは，$\hat{Z} = \frac{1+\varGamma}{1-\varGamma}$ で，$\varGamma \to -\varGamma$ の置き換えを行ったことに等価である．この操作は，スミス（インピーダンス）チャートを原点を中心に 180 度回転することに相当する（図 2.25）．従って，全く同じスミスチャートを，規格化インピーダンスの目盛を表すものとしても，規格化アドミタンスの目盛を表すものとしても，どちらにも用いることができる．

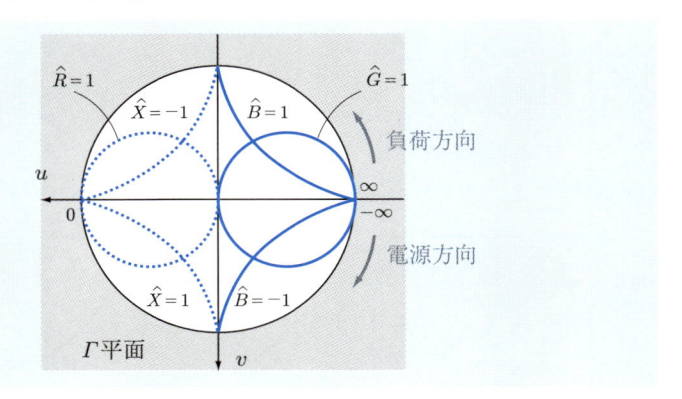

図 2.25 スミスアドミタンスチャート

規格化インピーダンス目盛と規格化アドミタンス目盛を同時に一枚のチャートに記入すると，ただでさえ煩雑なチャートがさらにごちゃごちゃになってしまうので，通常はインピーダンスチャートを180度回転してアドミタンスチャートに転用する（あるいは，次章で頻繁に行われるように，反射係数ベクトル自体を原点対象の位置に持ってゆく）．

例題 2.2
（スミスチャートの未知インピーダンス測定への応用）
　例題 2.1（34ページ）の解を，スミスチャートを利用して求めなさい．

【解答】　まず，電圧が最小になる点は，反射係数平面上では $-u$ 軸上に現れるはずである．$\rho=3$ より，図 2.26 の $-u$ 軸上で $\hat{R}=1/3$ となるところが，電圧最小点に対応することがわかる．原点を中心に，ここ（と $+u$ 軸上の $\hat{R}=3$ の点）を通る円を描くと，それが反射係数ベクトルの先端が描く軌跡になる．電圧最小点から負荷方向へ $3\,[\mathrm{cm}]/30\,[\mathrm{cm}] = 0.1$ 波長だけ移動した点が，負荷端での反射係数に対応する．スミスインピーダンスチャート上で，その点での $\hat{R}$ と $\hat{X}$ の目盛を読めば，負荷の規格化インピーダンスがわかる．

　作図を実行すると，$\hat{R}=0.48$，$\hat{X}=0.61$ と読めるので，$\hat{Z}=0.48-j0.61$ となり，未知インピーダンスが $Z = 50\times\hat{Z} = 24-j31\,[\Omega]$ のように求まる．これは，(2.54) を用いて得られた答えと同じである．三角関数や複素数の計算をしなくても図 2.26 の非常に簡単な作図だけで答えにたどり着くことができる

のは，スミスチャートのメリットと言えよう．

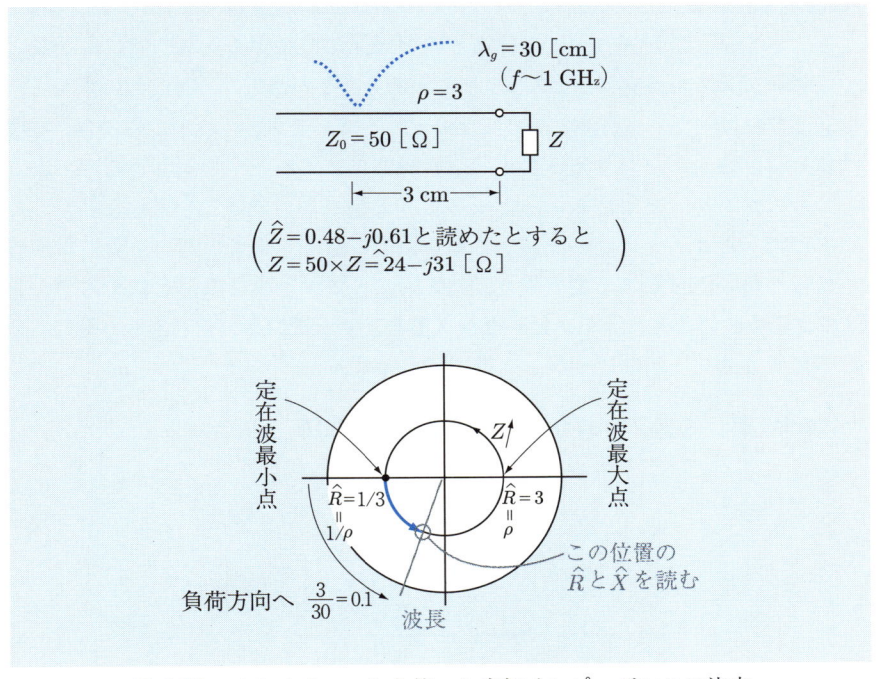

$\lambda_g = 30$ [cm]
($f \sim 1$ GHz)
$\rho = 3$
$Z_0 = 50$ [Ω]
Z
3 cm

$\begin{pmatrix} \hat{Z} = 0.48 - j0.61 と読めたとすると \\ Z = 50 \times \hat{Z} = 24 - j31 \, [\Omega] \end{pmatrix}$

定在波最小点
定在波最大点
Z
$\hat{R} = 1/3$
$= 1/\rho$
$\hat{R} = 3$
$= \rho$
この位置の $\hat{R}$ と $\hat{X}$ を読む
負荷方向へ $\dfrac{3}{30} = 0.1$ 波長

図 2.26 スミスチャートを使った未知インピーダンスの決定

2.4 インピーダンス整合

ここまで見てきた通り，伝送線路とその端部に接続する負荷の間には一般にインピーダンスの不整合（ミスマッチ）があり，その結果，入射波のエネルギーは一部または全部，反射波となって戻って行ってしまう．おおかたの場合，電源は負荷にエネルギーを与えるために伝送線路にエネルギーを送り込むのであって，せっかく送ったエネルギーが戻ってきてしまうのでは元も子もない．

そこで，たとえミスマッチがある場合にも，送った全ての電力を負荷に消費させるための何らかの工夫を加え，結果的にミスマッチを帳消しにするのが普通である．このことを「**インピーダンス整合（マッチング）をとる**」と言い，それを行う方法を「**インピーダンス整合法**」と呼ぶ．

2.4.1 単一スタブによるインピーダンス整合法

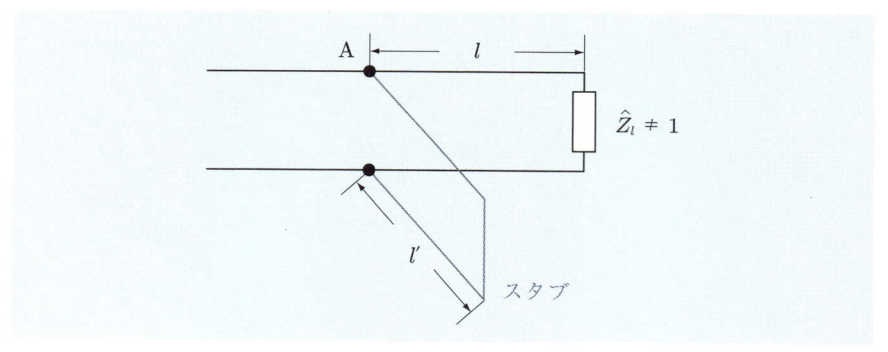

図 2.27 伝送線路にスタブを 1 つ設けた場合

線路の途中に別の線路を並列に繋ぎ込むことでインピーダンス整合を図るやり方がある．別の線路は通常，終端が短絡または開放されたものを用い，それらはあたかも木の切り株のように見えるので，スタブ（stub，切り株を意味する英語）と呼ばれている．ここでは，スタブを用いたインピーダンス整合の方法について学ぶ．

今，線路端に，線路と整合していない負荷 Z_l を繋いだとする（$\hat{Z}_l = Z_l/Z_0 \neq 1$）．この $\hat{Z}_l$ が，スミスインピーダンスチャート上で図2.28中に示すところにプロットされたとする．整合していないので，スミスチャートの中心（$\hat{R} = 1, \hat{X} = 0$）

2.4 インピーダンス整合

に来ることはない．この負荷の規格化アドミタンス $\hat{Y}_l$ を求めるには，スミスチャートを 180 度回転させればよいが，それよりも，図 2.28 中に示すがごとく，この点自体を原点を挟んだ対称の位置に持っていった方が，作図上簡単である．

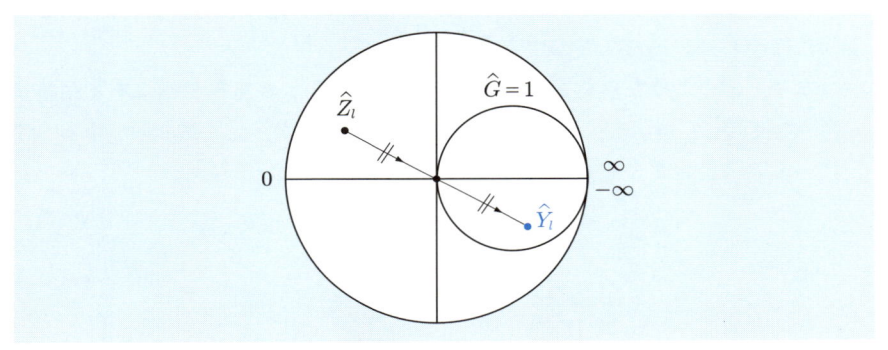

図 2.28 負荷インピーダンスをアドミタンスに変換

その位置から電源方向に遡り，丁度 $\hat{G}=1$ の円上にくるように遡る距離 l を選ぶと，位置 A から右を見たアドミタンスは，そのコンダクタンス成分が 1 （$\hat{G}=1$ の円上だから）となる．また，そのサセプタンス成分は，図 2.30 から読み取ることができて，$\hat{B}$ となる．すなわち，A から右を見たアドミタンスは $1+j\hat{B}$ になる．

ここで，サセプタンスが $-j\hat{B}$ に等しくなるよう長さ l' を選んだ終端短絡線

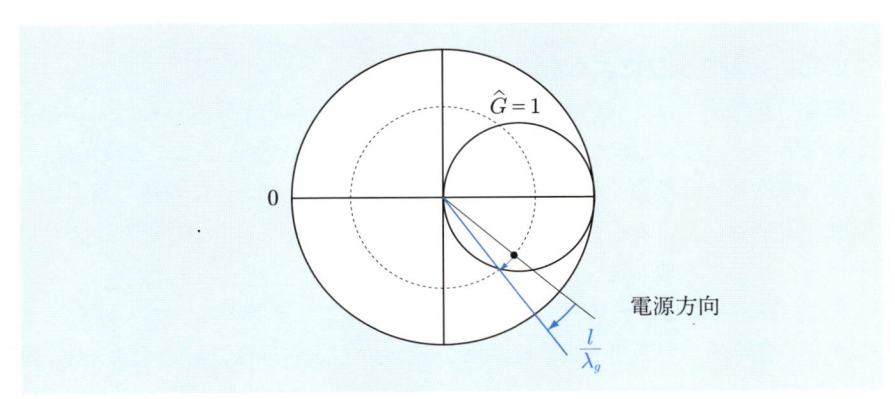

図 2.29 電源方向に長さ l だけ遡る

路を位置 A に並列に繋げば，A から右を見た合成アドミタンスが

$$1 + j\hat{B} - j\hat{B} = 1$$

となって，整合をとることができる．この終端短絡線路の長さ l' は，図 2.30 のように作図して求めることができる．

つまり，どのような負荷を線路端に繋いでも，そこから電源側にある距離まで遡った位置に，適切な長さのスタブを繋げば，電源から見て無反射にする（インピーダンス整合をとる）ことができるわけである．

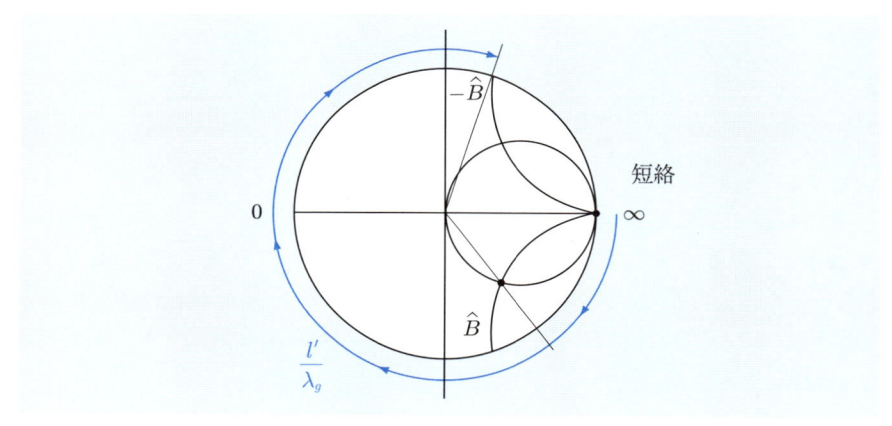

図 2.30 短絡終端スタブの長さを作図で求める

2.4.2 2 重スタブによる方法

前項の整合法では，線路上の任意の位置に並列に線路を繋ぎ込むことができると仮定していた．しかし通常は，任意の位置に並列に繋ぎ込むことは困難で，決まった位置に分岐器を設けることしかできない．このように線路を繋ぎ込む位置が固定されている場合にも，スタブを複数用いれば，インピーダンス整合をとることができることを示す．

まず，固定した 2 つのスタブにより整合をとることを考える．図 2.31 に示すように，線路端から距離 l の位置 A と，そこからさらに $\lambda_g/4$ だけ遡った位置 B に分岐器が予め取りつけられており，それらにスタブを繋ぎ込めるとする．

(i) 負荷 Z_l をスミスチャート上にプロットする．次にそこから距離 l だけ電

2.4 インピーダンス整合　　51

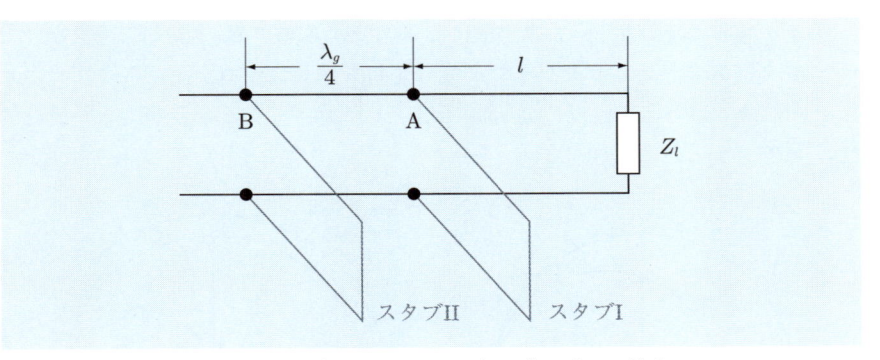

図 2.31　2重スタブによるインピーダンス整合

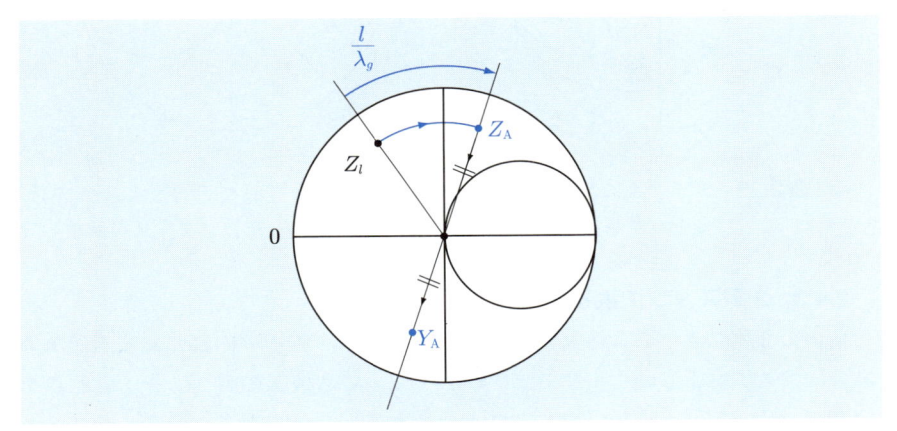

図 2.32　A から右を見たアドミタンス Y_A を求める

源方向に遡った位置 A におけるインピーダンス Z_A を作図により求める．インピーダンスチャートからアドミタンスチャートへ移行し，位置 A でのアドミタンス Y_A（Z_A の逆数）を求める．これら一連の作業を図 2.32 に示す．

(ii) 位置 A に並列に繋ぎ込むスタブ I により適当なサセプタンスを与え，$\hat{G}=1$ と原点を挟んで対称な円上に持ってくる（図 2.33）．破線の円はもちろんスミスチャート上には書かれていないので，自分でコンパスで書き込む．

(iii) 位置 A から位置 B まで 4 分の 1 波長だけさらに遡ると，そこから見た

アドミタンスは $\hat{G} = 1$ の円上にくるので，スタブ II によって適当なサセプタンスを与えてサセプタンス成分を打ち消せば，右を見たトータルのサセプタンス Y_B' を原点 ($Y_B' = 1 + j0$) 上に持ってくることができ，最終的に整合がとれる（図 2.34）．

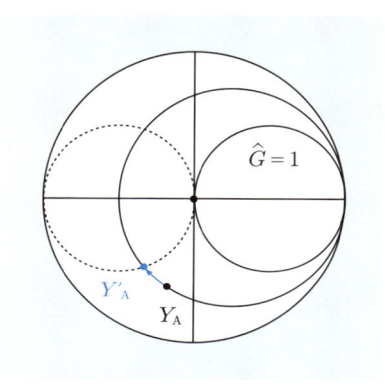

図 2.33 スタブ I によるサセプタンスの調整

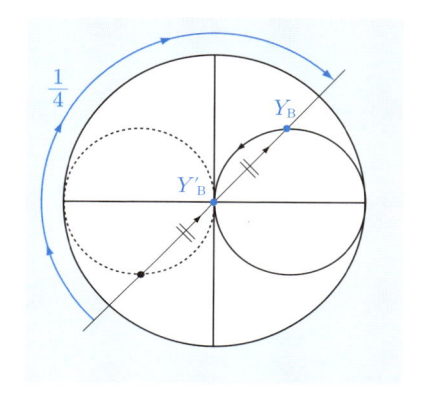

図 2.34 スタブ II への移動とスタブ II によるサセプタンスの調整

2.4.3　3 重スタブによる方法

前項の 2 重スタブによる場合，万一 Y_A が $\hat{G} = 1$ の円の内部にたまたまある場合は，スタブ I でいくらサセプタンスを変えても破線の円（$\hat{G} = 1$ と原点を挟んで対称な円）上に持ってくることはできない．すなわち，負荷の値によって整合不可能な場合が生じるわけである（図 2.36）．そのような場合でも整合がとれるように，通常はスタブをもう 1 つ付けられるようにした「3 重スタブ」構造が用いられる（図 2.35）．

そうすれば，たとえ Y_A が $\hat{G} = 1$ の円内に入ってしまう場合でも，そのまま位置 B まで遡れば，B から右を見た Y_B は円の外に必ず出る（図 2.36）．そうなれば，あとは前項同様，スタブ II と III を使って整合をとることができる．つまり，Y_A が $\hat{G} = 1$ の円外にあるときはスタブ I, II を用い，また円内にあるときは，スタブ II, III を用いて，整合をとることができるわけである．

しかし，例えば Y_A が $\hat{G} = 1$ の円内にあるとき，予めスタブ I を使って，Y_A を Y_A' に移し，それを II, III を使って整合することもできる（図 2.36）．すな

2.4 インピーダンス整合

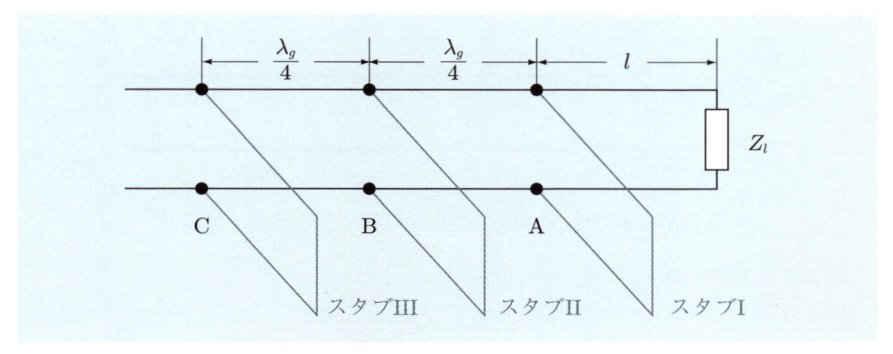

図 2.35 3重スタブによるインピーダンス整合

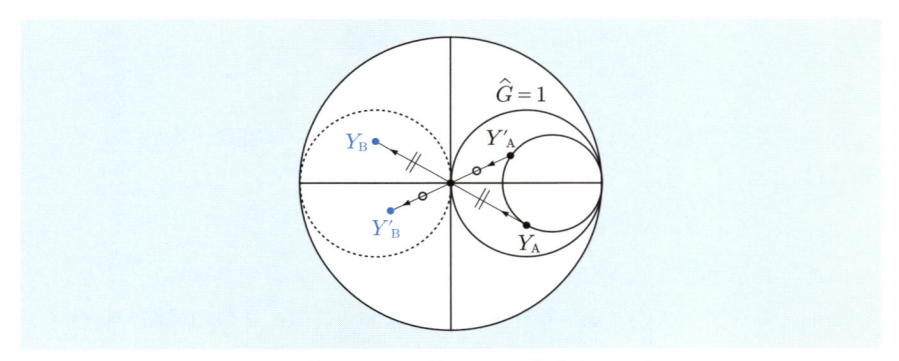

図 2.36 位置 A から位置 B に移動することで，$\hat{G}=1$ の円内から抜け出す

わち，スタブを多重化することにより，スタブの長さの組合せが何通りも選べるようになる（整合の自由度が増える）．スタブにより調整可能なサセプタンスの範囲が何らかの事情で限られてしまっている場合には，スタブを3重よりもさらに多重化して対処することができる．

2.4.4 線路間のインピーダンス整合

特性インピーダンスの異なる線路 Z_{01}, Z_{02} を直接繋げば，インピーダンス不整合により接続部分で反射が生じる．反射が生じないようにするには，インピーダンス整合を図らなければならない．前項までに見たスタブによって整合をとってもよいが，中間的な特性インピーダンスを持つ第3の線路を間に挟む

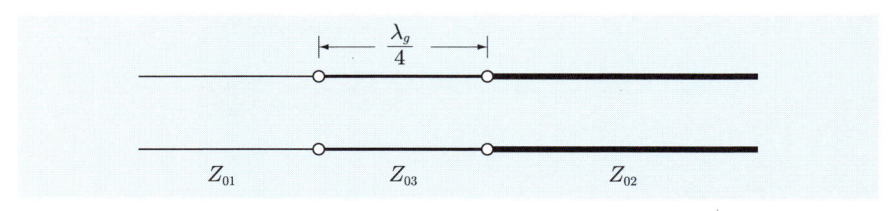

図 2.37 異なるインピーダンスを有する線路同士の接続

方法もよく用いられている．

図 2.37 に示すように，長さが 4 分の 1 波長で特性インピーダンスが Z_{03} の線路を間に挟んで 2 つの線路を接続する場合を考える．このとき，Z_{01} 線路の右端から右を見たインピーダンスは，式 (2.71) より

$$Z_{\text{in}} = \frac{Z_{03}^2}{Z_{02}} \tag{2.82}$$

と書くことができる．ここでもし，$Z_{\text{in}} = Z_{01}$ であれば整合するので，そのためには

$$Z_{03} = \sqrt{Z_{01} \cdot Z_{02}} \tag{2.83}$$

である必要がある（両端の線路の特性インピーダンスの相乗平均）．すなわち，特性インピーダンスの異なる線路を反射なく繋ぐには，2 つの線路の特性インピーダンスを相乗平均した「中間の」特性インピーダンスを有する 4 分の 1 波長線路を間に挟めばよいことがわかる．同じ原理は，メガネやカメラレンズの無反射コーティング等，身の周りでよく使われている．

2.5 散乱行列

2.5.1 パラメータ a, b の導入

読者はこれまで，電気回路における測定と密着した特性量として電圧と電流に慣れ親しんできたことと思う．しかし，本章の議論の中でわかってきたように，電磁波の領域では電圧や電流が場所によって変わってしまったり，そもそも電圧や電流の測定自体が困難である場合も多い．そこで，波動に直結した新たな特性量として，

$$\begin{cases} a \triangleq \dfrac{\overrightarrow{V}}{\sqrt{Z_0}} = \overrightarrow{I}\sqrt{Z_0} \\ b \triangleq \dfrac{\overleftarrow{V}}{\sqrt{Z_0}} = \overleftarrow{I}\sqrt{Z_0} \end{cases} \tag{2.84}$$

なる量を定義する．これらの絶対値の 2 乗は，

$$\begin{cases} |a|^2 = \dfrac{|\overrightarrow{V}|^2}{Z_0} = |\overrightarrow{I}|^2 Z_0 \\ |b|^2 = \dfrac{|\overleftarrow{V}|^2}{Z_0} = |\overleftarrow{I}|^2 Z_0 \end{cases} \tag{2.85}$$

となって，前者は前進波の電力，後者は後進波の電力をそれぞれ表すことがわかる．電圧計や電流計で測定される量は V, I であるが，それらは

$$\begin{cases} V = \overrightarrow{V} + \overleftarrow{V} = (a+b)\sqrt{Z_0} \\ I = \overrightarrow{I} - \overleftarrow{I} = (a-b)/\sqrt{Z_0} \end{cases} \tag{2.86}$$

と表されるので，これを a, b について解けば，以下の関係を得る．

$$\begin{cases} a = \dfrac{1}{2}\left(\dfrac{V}{\sqrt{Z_0}} + I\sqrt{Z_0}\right) \\ b = \dfrac{1}{2}\left(\dfrac{V}{\sqrt{Z_0}} - I\sqrt{Z_0}\right) \end{cases} \tag{2.87}$$

式 (2.86) と (2.87) によって，新たな量 a, b と旧知の V, I は相互に変換可能である．

次に，反射係数を a, b で表現すると

$$\Gamma \triangleq \frac{\overleftarrow{V}}{\overrightarrow{V}} = \frac{b\sqrt{Z_0}}{a\sqrt{Z_0}} = \frac{b}{a} \quad \text{または} \quad b = \Gamma a \tag{2.88}$$

となる．反射係数 Γ とパラメータ a, b との関係は極めてシンプルかつわかりやすい．

負荷端

図 2.38 に示すように，特性インピーダンス Z_0 の線路端にインピーダンス Z，反射係数 Γ の負荷を繋いだ場合を考える．負荷端では，前進波 a が Γ で反射されて後進波 b になる．

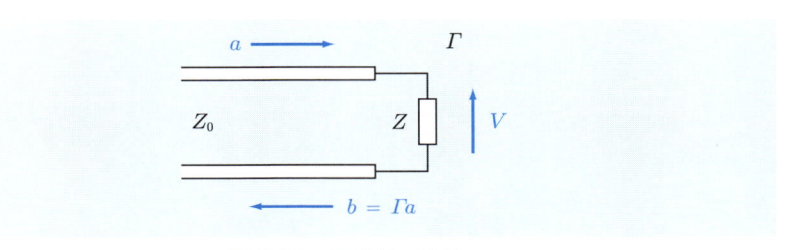

図 2.38 負荷端の様子

このとき，負荷で消費される電力 P は，式 (2.53) より

$$\begin{aligned}
P &= \mathrm{Re}(V^*I) = \mathrm{Re}\frac{VV^*}{Z} \\
&= \mathrm{Re}\left[\left(\overrightarrow{V}+\overleftarrow{V}\right)\left(\overrightarrow{V}+\overleftarrow{V}\right)^*\frac{1}{Z_0}\frac{1-\Gamma}{1+\Gamma}\right] \\
&= \frac{1}{Z_0}\mathrm{Re}\left[\left(\overrightarrow{V}+\overleftarrow{V}\right)\left(\overrightarrow{V}+\overleftarrow{V}\right)^*\frac{1-\frac{\overleftarrow{V}}{\overrightarrow{V}}}{1+\frac{\overleftarrow{V}}{\overrightarrow{V}}}\right] \\
&= \frac{1}{Z_0}\mathrm{Re}\left[\left(\overrightarrow{V}+\overleftarrow{V}\right)^*\left(\overrightarrow{V}-\overleftarrow{V}\right)\right] \\
&= \frac{1}{Z_0}\mathrm{Re}\left(\underbrace{\overrightarrow{V}^*\overrightarrow{V}-\overleftarrow{V}^*\overleftarrow{V}}_{\text{実数}} + \underbrace{\overrightarrow{V}\overleftarrow{V}^*-(\overrightarrow{V}\overleftarrow{V}^*)^*}_{\text{純虚数}}\right) \\
&= \frac{1}{Z_0}\left(\overrightarrow{V}^*\overrightarrow{V}-\overleftarrow{V}^*\overleftarrow{V}\right) \overset{(2.84)}{=} \frac{1}{Z_0}(Z_0 a^*a - Z_0 b^*b) \\
&= |a|^2 - |b|^2
\end{aligned} \tag{2.89}$$

2.5 散乱行列

となる．得られた結論，すなわち「線路端で消費されている電力は，入射電力 $|a|^2$ と反射電力 $|b|^2$ の差である」ということは，エネルギー保存則から考えて，当然の結果と言えよう．

励振端

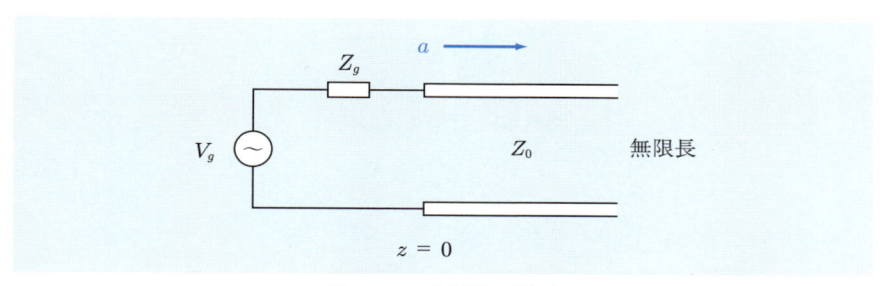

図 2.39 励振端の様子

図 2.39 に示すような電源側での挙動を a, b の観点から考察してみよう．式 (2.29) より

$$\vec{V} = \frac{Z_0 V_g}{Z_0 + Z_g} e^{-\gamma z}$$

であるから，a は

$$a = \frac{\vec{V}}{\sqrt{Z_0}} = \frac{\sqrt{Z_0} V_g}{Z_0 + Z_g} e^{-\gamma z} \tag{2.90}$$

と表すことができる．$Z_g = Z_0$，つまり電源と線路が整合していれば，$z = 0$ で

$$|a|^2 = \frac{|V_g|^2}{4Z_0} \tag{2.91}$$

となる．すなわち，信号源の供給可能な最大電力が前進波に与えられることとなる．

次に，反射波成分 b がある場合（図 2.40）には，

$$z = 0 \text{ で} \begin{cases} V = (a + \Delta a + b)\sqrt{z_0} \\ I = (a + \Delta a - b)/\sqrt{z_0} \end{cases} \tag{2.92}$$

となる．ここで Δa は，図 2.39 の a からの変化分を表している．

一方，オームの法則を励振端に適用すると

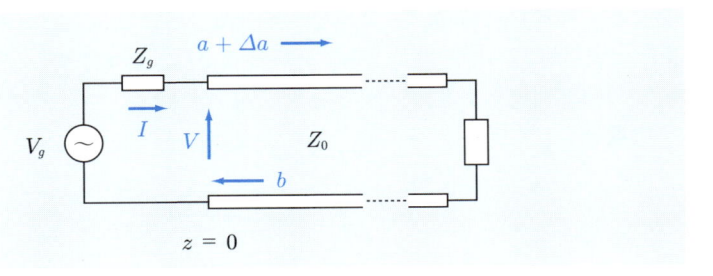

図 2.40　反射のある場合

$$V_g - Z_g I = V \tag{2.93}$$

であるから，これに (2.92) を代入して

$$\sqrt{Z_0} V_g - Z_g(a + \Delta a - b) = (a + \Delta a - b) Z_0$$

従って，

$$a + \Delta a = \frac{\sqrt{Z_0} V_g}{Z_0 + Z_g} + \frac{Z_g - Z_0}{Z_0 + Z_g} b \tag{2.94}$$

を得る．式 (2.90) で $z \to 0$ とすると (2.94) の右辺第 1 項は a そのものであると言える．よって

$$\Delta a = \frac{Z_g - Z_0}{Z_g + Z_0} b \tag{2.95}$$

であることがわかる．

$\frac{Z_g - Z_0}{Z_g + Z_0}$ を (2.37) と比較すれば，この量は $V_g = 0$ としたときの反射係数と言うことができる．つまり，電源端の反射係数 Γ_g は

$$\Gamma_g = \frac{Z_g - Z_0}{Z_g + Z_0} \tag{2.96}$$

と表すことができる．

　以上をまとめると，反射の有無にかかわらず，(2.90) で表されるだけ電源により波動が励振され，電源端に反射があると，反射波 b が反射係数 Γ_g 分だけ再反射され，上記励振波に加わるわけである．電源と線路の整合がとれているとき ($Z_g = Z_0$) は，(2.91) に示す最大電力で励振されるが，逆に反射波は完全に電源まで到達することになる ($\Gamma_g = 0$ となるため)．電源によっては，反

射波に曝されると動作が不安定になるものもあるので,注意が必要である.

2.5.2 線路上の素子

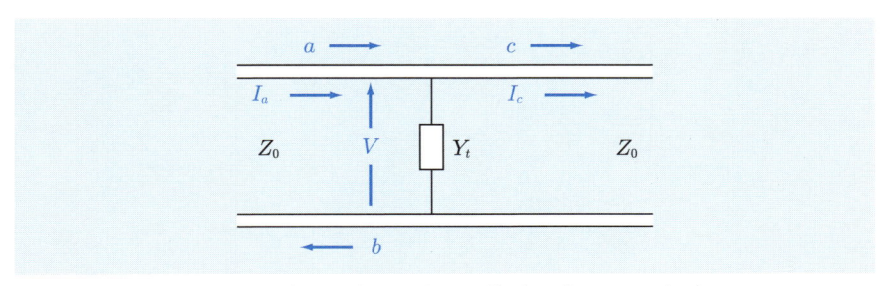

図 2.41 線路の途中に素子が並列に挿入された場合

図 2.41 のように,線路の途中にアドミタンス Y_t を持つ素子が挿入されている場合,次の関係が成り立つ:

$$\begin{cases} V = (a+b)\sqrt{Z_0} = (c+0)\sqrt{Z_0} \\ I_a = (a-b)/\sqrt{Z_0}, \qquad I_c = (c-0)/\sqrt{Z_0} \\ I_a - I_c = Y_t V \end{cases} \quad (2.97)$$

ここで b は Y_t による反射波,c は,Y_t を越えて伝わってゆく前進波(透過波)に対応する.これらの関係より

$$\begin{cases} b = \dfrac{-Y_t}{2Y_0 + Y_t} a \\ c = \dfrac{2Y_0}{2Y_0 + Y_t} a \end{cases} \quad (Y_0 \triangleq \tfrac{1}{Z_0}) \quad (2.98)$$

を得る.Y_t に消費される電力 P は (2.89) 同様に計算されて

$$P = \mathrm{Re}[V^* I] = \mathrm{Re}[V^* V Y_t] = |a|^2 - |b|^2 - |c|^2 \quad (2.99)$$

となる.この意味するところは「全入射電力のうち電源側へ反射した分と透過した分を差し引いた残りが Y_t に消費された」ということで,エネルギー保存則から当然の結果である.

2.5.3 散乱行列の導入

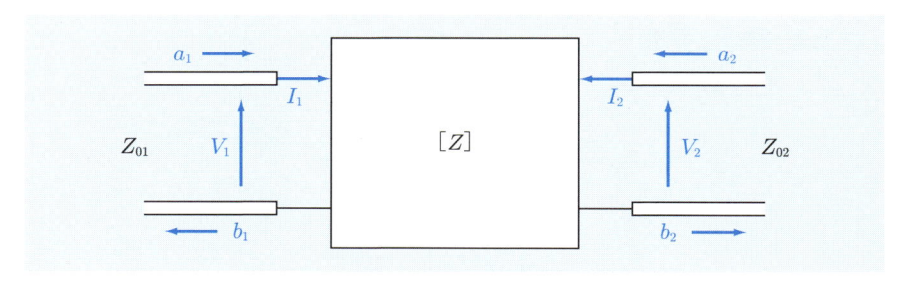

図 2.42 線路上素子のより一般的な表現

線路上の素子をより一般的に，図 2.42 のように 4 端子網（2 端子対網ともいう）で表す場合を考える．図 2.41 と違って，左側の線路と右側の線路は異なる特性インピーダンス Z_{01}, Z_{02} をそれぞれ有するものとしている．また，a_1, a_2 は素子に対する両側線路からの入射波を表し，b_1, b_2 は素子から両側線路への出射波（反射波）を表す．

素子の 4 端子網としてのインピーダンス行列 $[Z]$ が与えられれば

$$\begin{pmatrix} V_1 \\ V_2 \end{pmatrix} = [Z] \begin{pmatrix} I_1 \\ I_2 \end{pmatrix} = \begin{pmatrix} Z_{11} & Z_{12} \\ Z_{21} & Z_{22} \end{pmatrix} \begin{pmatrix} I_1 \\ I_2 \end{pmatrix} \quad (2.100)$$

が成立するが，一方，(2.86) より

$$\begin{pmatrix} V_1 \\ V_2 \end{pmatrix} = \begin{pmatrix} \sqrt{Z_{01}}(a_1 + b_1) \\ \sqrt{Z_{02}}(a_2 + b_2) \end{pmatrix}, \qquad \begin{pmatrix} I_1 \\ I_2 \end{pmatrix} = \begin{pmatrix} \sqrt{Y_{01}}(a_1 - b_1) \\ \sqrt{Y_{02}}(a_2 - b_2) \end{pmatrix} \quad (2.101)$$

が言える．そこで (2.101) を (2.100) へ代入することで

$$\begin{pmatrix} \sqrt{Z_{01}} & 0 \\ 0 & \sqrt{Z_{02}} \end{pmatrix} \begin{pmatrix} a_1 + b_1 \\ a_2 + b_2 \end{pmatrix} = \begin{pmatrix} Z_{11} & Z_{12} \\ Z_{21} & Z_{22} \end{pmatrix} \begin{pmatrix} \sqrt{Y_{01}} & 0 \\ 0 & \sqrt{Y_{02}} \end{pmatrix} \begin{pmatrix} a_1 - b_1 \\ a_2 - b_2 \end{pmatrix} \quad (2.102)$$

が得られる．他方，

$$\begin{pmatrix} \sqrt{Z_{01}} & 0 \\ 0 & \sqrt{Z_{02}} \end{pmatrix}^{-1} = \frac{1}{\sqrt{Z_{01}}\sqrt{Z_{02}}} \begin{pmatrix} \sqrt{Z_{02}} & 0 \\ 0 & \sqrt{Z_{01}} \end{pmatrix} = \begin{pmatrix} \dfrac{1}{\sqrt{Z_{01}}} & 0 \\ 0 & \dfrac{1}{\sqrt{Z_{02}}} \end{pmatrix}$$

2.5 散乱行列

$$= \begin{pmatrix} \sqrt{Y_{01}} & 0 \\ 0 & \sqrt{Y_{02}} \end{pmatrix} \tag{2.103}$$

の関係があることに注意して，これを (2.102) に左から掛けると

$$[a] + [b] = \left[\sqrt{Y_0}\right][Z]\left[\sqrt{Y_0}\right]\{[a] - [b]\} \tag{2.104}$$

の関係を得る．ただし，$[a] = \begin{pmatrix} a_1 \\ a_2 \end{pmatrix}$, $[b] = \begin{pmatrix} b_1 \\ b_2 \end{pmatrix}$, $\left[\sqrt{Y_0}\right] = \begin{pmatrix} \sqrt{Y_{01}} & 0 \\ 0 & \sqrt{Y_{02}} \end{pmatrix}$ である．

ここで，規格化インピーダンス行列 $[\hat{Z}]$ を

$$[\hat{Z}] \triangleq \left[\sqrt{Y_0}\right][Z]\left[\sqrt{Y_0}\right] \tag{2.105}$$

と定義することにすれば，(2.104) は

$$\{[\hat{Z}] + [1]\}[b] = \{[\hat{Z}] - [1]\}[a] \quad ([1] \text{は単位行列})$$

または

$$[b] = [S][a] \tag{2.106}$$

$$[S] \triangleq \{[\hat{Z}] + [1]\}^{-1}\{[\hat{Z}] - [1]\} \tag{2.107}$$

と表現される．(2.106) は (2.88) の $b = \Gamma a$ の関係を 4 端子網に拡張したものであり，また $[S]$ 自体は反射係数 $\Gamma = \frac{\hat{Z}-1}{\hat{Z}+1}$ を 4 端子網に拡張したものであって，この $[S]$ を **散乱行列** (scattering matix) と称する．実際，(2.107) は，行列表現になってはいるものの，反射係数の定義と形式的に全く同じであることに注意して欲しい．

式 (2.106) は行列要素を使って書けば

$$\underset{[b]}{\begin{pmatrix} b_1 \\ b_2 \end{pmatrix}} = \underset{[S]}{\begin{pmatrix} S_{11} & S_{12} \\ S_{21} & S_{22} \end{pmatrix}} \underset{[a]}{\begin{pmatrix} a_1 \\ a_2 \end{pmatrix}} = \begin{pmatrix} S_{11}a_1 + S_{12}a_2 \\ S_{21}a_1 + S_{22}a_2 \end{pmatrix} \tag{2.108}$$

となる．すなわち入射波 a_1, a_2 が，S_{11}, S_{12}, S_{21}, S_{22} を介して，出射波 b_1, b_2 に変換される．この間のエネルギーの流れを **流れ線図** で表したのが図 2.43 である．入射波 a_1, a_2 は，それぞれ S_{11}, S_{22} で表される分だけ，それぞれが

入ってきた方向の出射波 b_1, b_2 に転換される．その意味で，S_{11}, S_{22} は，それぞれのポートの反射係数と言うことができる．

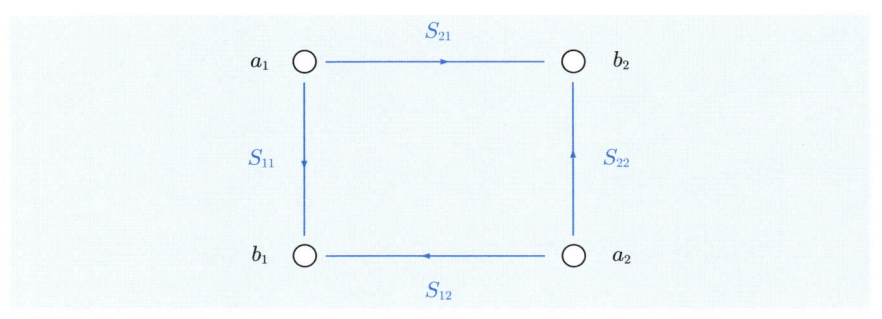

図 2.43 流れ線図

一方，入射波 a_1, a_2 の一部は，それぞれ S_{21}, S_{12} で表される分だけ，反対側のポートからの出射波 b_2, b_1 に加わる．その意味で，S_{21}, S_{12} は，反対側ポートへの透過係数と言うことができる．このように散乱行列は，反射係数をその対角要素，透過係数をその非対角要素としてできあがっている行列である．

散乱行列を規格化アドミタンス行列で表現すると

$$[S] = \{[1] + [\hat{Y}]\}^{-1}\{[1] - [\hat{Y}]\} \tag{2.109}$$

のように表される．証明は，章末問題としたい．

2.5.4 散乱行列の例
4 分の 1 波長線路

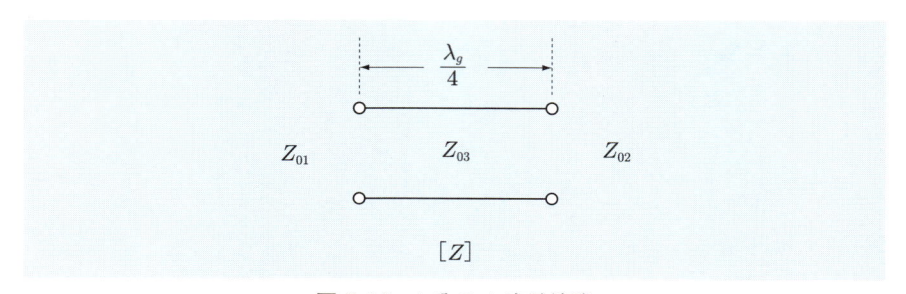

図 2.44 4 分の 1 波長線路

2.5 散乱行列

図 2.44 のように，特性インピーダンス Z_{01}, Z_{02} の線路に接続されている特性インピーダンス Z_{03} の 4 分の 1 波長線路の散乱行列を求めてみる．式 (2.63) より線路のインピーダンス行列の行列要素は

$$\begin{cases} Z_{11} = Z_{22} = -jZ_{03}\cot\dfrac{2\pi}{\lambda_g}\cdot\dfrac{\lambda_g}{4} = 0 \\ Z_{12} = Z_{21} = -jZ_{03}\operatorname{cosec}\dfrac{2\pi}{\lambda_g}\cdot\dfrac{\lambda_g}{4} = -jZ_{03} \end{cases}$$

と求められる．従ってインピーダンス行列および規格化インピーダンス行列がそれぞれ

$$[Z] = \begin{pmatrix} 0 & -jZ_{03} \\ -jZ_{03} & 0 \end{pmatrix}$$

$$[\hat{Z}] = \begin{pmatrix} \sqrt{Y_{01}} & 0 \\ 0 & \sqrt{Y_{02}} \end{pmatrix}\begin{pmatrix} 0 & -jZ_{03} \\ -jZ_{03} & 0 \end{pmatrix}\begin{pmatrix} \sqrt{Y_{01}} & 0 \\ 0 & \sqrt{Y_{02}} \end{pmatrix}$$

$$= \begin{pmatrix} 0 & -j\dfrac{Z_{03}}{\sqrt{Z_{01}Z_{02}}} \\ -j\dfrac{Z_{03}}{\sqrt{Z_{01}Z_{02}}} & 0 \end{pmatrix}$$

のように求まる．

簡単のため $Z_{03} = \sqrt{Z_{01}Z_{02}}$ が成り立っているとすれば，$[\hat{Z}] = \begin{pmatrix} 0 & -j \\ -j & 0 \end{pmatrix}$ となって，散乱行列が

$$[S] = \begin{pmatrix} 1 & -j \\ -j & 1 \end{pmatrix}^{-1}\begin{pmatrix} -1 & -j \\ -j & -1 \end{pmatrix} = \frac{1}{2}\begin{pmatrix} 1 & j \\ j & 1 \end{pmatrix}\begin{pmatrix} -1 & -j \\ -j & -1 \end{pmatrix} = \begin{pmatrix} 0 & -j \\ -j & 0 \end{pmatrix} \tag{2.110}$$

と計算される．これより $S_{11} = S_{22} = 0$ であるから，どちらの側からも反射はない．一方，$S_{12} = S_{21} = -j$ であるから，透過波は入射波に対し位相が $\pi/2$ 遡ることになる．これは，2.4.4 項の線路間のインピーダンス整合がとれている場合に相当する．

線路上の素子

例題 2.3

図 2.45 に示す特性インピーダンス Z_0 の線路上に並列に挿入されたアドミタンス Y_t の素子の散乱行列を求めなさい．

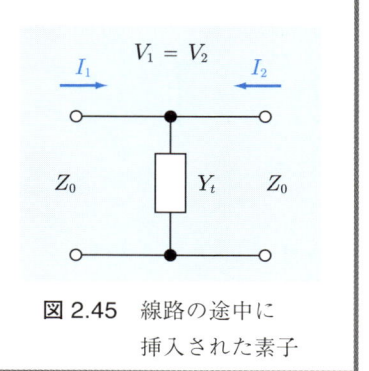

図 2.45 線路の途中に挿入された素子

【解答】 図中の電圧と電流との間に

$$\begin{cases} V_1 = \dfrac{1}{Y_t}(I_1 + I_2) \\ V_2 = \dfrac{1}{Y_t}(I_1 + I_2) \end{cases} \tag{2.111}$$

の関係があるので，素子のインピーダンス行列は

$$[Z] = \frac{1}{Y_t}\begin{pmatrix} 1 & 1 \\ 1 & 1 \end{pmatrix} \tag{2.112}$$

と書ける．これを規格化すると

$$[\hat{Z}] = \begin{pmatrix} \sqrt{Y_0} & 0 \\ 0 & \sqrt{Y_0} \end{pmatrix} \frac{1}{Y_t}\begin{pmatrix} 1 & 1 \\ 1 & 1 \end{pmatrix} \begin{pmatrix} \sqrt{Y_0} & 0 \\ 0 & \sqrt{Y_0} \end{pmatrix} = \frac{Y_0}{Y_t}\begin{pmatrix} 1 & 1 \\ 1 & 1 \end{pmatrix} \tag{2.113}$$

となる．従って，散乱行列は

$$[S] = \left\{ \frac{1}{\hat{Y}_t}\begin{pmatrix} 1+\hat{Y}_t & 1 \\ 1 & 1+\hat{Y}_t \end{pmatrix} \right\}^{-1} \frac{1}{\hat{Y}_t}\begin{pmatrix} 1-\hat{Y}_t & 1 \\ 1 & 1-\hat{Y}_t \end{pmatrix}$$

(ここで $\dfrac{Y_t}{Y_0} \triangleq \hat{Y}_t$ とおいた)

$$= \frac{1}{(1+\hat{Y}_t)^2 - 1}\begin{pmatrix} 1+\hat{Y}_t & -1 \\ -1 & 1+\hat{Y}_t \end{pmatrix}\begin{pmatrix} 1-\hat{Y}_t & 1 \\ 1 & 1-\hat{Y}_t \end{pmatrix}$$

$$= \frac{1}{\hat{Y}_t + 2} \begin{pmatrix} -\hat{Y}_t & 2 \\ 2 & -\hat{Y}_t \end{pmatrix} \tag{2.114}$$

と求めることができる．これより散乱行列の行列要素は

$$S_{11} = S_{22} = \frac{-\hat{Y}_t}{\hat{Y}_t + 2}, \qquad S_{12} = S_{21} = \frac{2}{\hat{Y}_t + 2} \tag{2.115}$$

であることがわかり，これらを (2.98) と比較すれば，S_{11}, S_{22} が反射波，S_{12}, S_{21} が透過波を表していることが明らかである． ■

その他の例

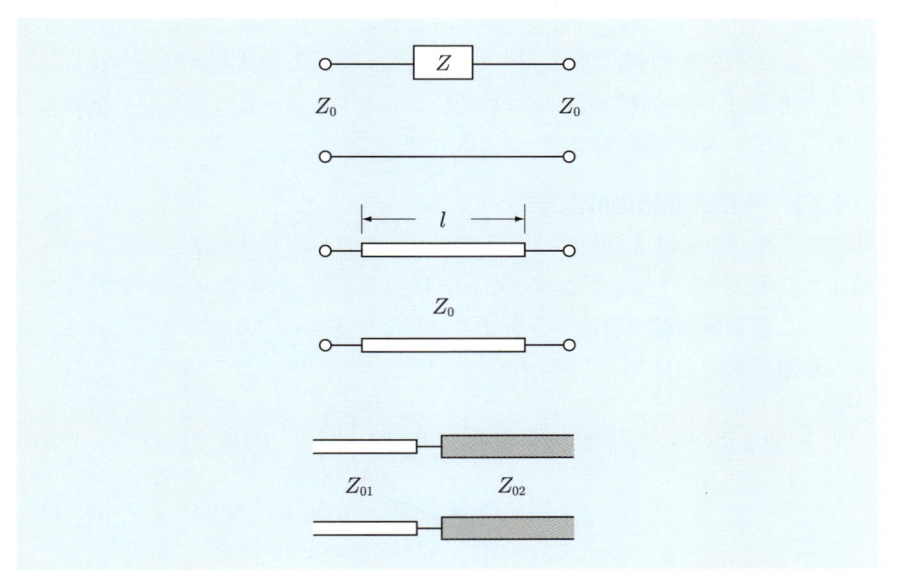

図 2.46 上：インピーダンス Z の直列接続，中：長さ l の線路，下：特性インピーダンスの異なる線路の界面

図 2.46 に，もう 3 つほど，異なる例を示した．これらの散乱行列はそれぞれ，

$$[S] = \frac{1}{\hat{Z} + 2} \begin{pmatrix} \hat{Z} & 2 \\ 2 & \hat{Z} \end{pmatrix} \tag{2.116}$$

$$[S] = \begin{pmatrix} 0 & e^{-j\beta l} \\ e^{-j\beta l} & 0 \end{pmatrix} \tag{2.117}$$

$$[S] = \frac{1}{Z_{01}+Z_{02}} \begin{pmatrix} Z_{02}-Z_{01} & 2\sqrt{Z_{01}Z_{02}} \\ 2\sqrt{Z_{01}Z_{02}} & Z_{01}-Z_{02} \end{pmatrix} \tag{2.118}$$

と求められる．導出は，演習問題とする．

ここまでに求めた散乱行列の行列要素には，共通の性質があることがわかる．まず，左右対称な回路（図 2.45 等）では $S_{11} = S_{22}$ となっている．これらの回路の場合，左右反転しても状況はなんら変わらないから，当然と言える．

さらに，$S_{12} = S_{21}$ である場合も多い．このように $S_{12} = S_{21}$ である回路は「相反性を有する」といい，可逆回路と呼ばれる．受動回路は普通は相反である．ただし，これまでの例にはないが，$S_{12} \neq S_{21}$ である回路も実際に存在し，これらは非相反，非可逆回路と呼ばれる．アイソレータ，サーキュレータ等と称される素子，回路はそれにあたる．

2.5.5 無損失回路の散乱行列

4 端子網への入射波の全電力と反射波の全電力が等しければ，エネルギー保存則から考えて，4 端子網自体はなんら電力を消費していないはずである．このような**無損失回路**の散乱行列がどのような性質を有するか考察してみる．まず反射波の全電力は，

$$|b_1|^2 + |b_2|^2 = b_1^* b_1 + b_2^* b_2 = \begin{pmatrix} b_1^* & b_2^* \end{pmatrix} \begin{pmatrix} b_1 \\ b_2 \end{pmatrix} = [b]^\dagger [b]$$
$$= \{[S][a]\}^\dagger [S][a] = [a]^\dagger [S]^\dagger [S][a] \tag{2.119}$$

と表される．ここに $\dagger$ はエルミート随伴を表す．これが，入射波の全電力 $|a_1|^2 + |a_2|^2 = [a]^\dagger [a]$ に等しくなるのは

$$[S]^\dagger [S] = [1] \tag{2.120}$$

となる場合である（[1] は単位行列）．これが成立するとき，「行列 $[S]$ は**ユニタリ**（unitary）である」という（線形代数の教科書を参照のこと）．これは，負荷が無損失の場合反射係数の絶対値が 1 になる（$|\Gamma|^2 = \Gamma^* \Gamma = 1$）ことを，4

端子網に拡張した概念と言える．散乱行列がユニタリであることと，回路が無損失であることは，等価である．

式 (2.120) の関係を行列要素で表現すると，

$$\begin{pmatrix} S_{11}^* & S_{21}^* \\ S_{12}^* & S_{22}^* \end{pmatrix} \begin{pmatrix} S_{11} & S_{12} \\ S_{21} & S_{22} \end{pmatrix}$$
$$= \begin{pmatrix} |S_{11}|^2 + |S_{21}|^2 & S_{11}^* S_{12} + S_{21}^* S_{22} \\ S_{12}^* S_{11} + S_{22}^* S_{21} & |S_{12}|^2 + |S_{22}|^2 \end{pmatrix} = \begin{pmatrix} 1 & 0 \\ 0 & 1 \end{pmatrix} \quad (2.121)$$

となる．回路が無損失であることが明白であれば，散乱行列（要素）に最初からこの関係を適用してよい．

2章の問題

☐ **1** $Z_g = Z_0$ が満たされていると仮定して，(2.35) 式を導出せよ．

☐ **2** 散乱行列を規格化アドミタンス行列で表現すると，(2.109) 式になることを示せ．

☐ **3** 図 2.46 に示す 2 端子対網の散乱行列が，各々(2.116)，(2.117)，(2.118) のように表されることを示せ．

☐ **4** 特性インピーダンス $75\,\Omega$，比誘電率 6.25 の高周波線路の終端部に，インピーダンス不明のアンテナを繋いだ．
(1) 線路の他端から 2 GHz の高周波電力を加えたところ，アンテナ端から 18 mm の部分に電圧定在波の腹が現れた．また VSWR は 2.8 と測定された．アンテナのインピーダンスを，スミスチャート上で作図して求めよ．
(2) この線路には，アンテナ端から測って 9 mm のところと 19 mm のところに，同じ線路を並列に繋ぐことのできる端子 A，B がそれぞれ設けてある．終端を開放した同じ線路をこれらの端子に繋いでインピーダンス整合をとる場合の，終端開放線路の長さをそれぞれ，スミスチャートを利用して求めよ．
注）比誘電率が ε_r である線路中では，波長は $1/\sqrt{\varepsilon_r}$ になる．

3 高周波伝送線路

　本章では，電磁気学で導かれたマクスウェルの方程式を出発点に，電界，磁界が波動の形で空間や物質中を伝搬することを示し，実際に使われている高周波伝送線路上での電磁波の振る舞いを調べ，理解する．具体的な形状を有する伝送線路から回路パラメータを抽出し，前章での回路理論的扱い方に繋げることが，本章の実用面での目的と言える．

> **3章で学ぶ概念・キーワード**
> マクスウェル方程式，ヘルムホルツ方程式，平面波，電波インピーダンス，ポインティングベクトル，TEM，TE，TM，モード，矩形導波管，遮断周波数，縮退，円形導波管，同軸線路，群速度，分散曲線，誘電体損，導体損，レッヘル線，ストリップ線路，表面波線路

3.1 電磁波の導出

3.1.1 電磁波動方程式

電磁気学の学習で最後に到達する**マクスウェル方程式**（Maxwell's equations）を思い出してみよう．その主要部は，**電界強度ベクトル E** [V/m]，**磁界強度ベクトル H** [A/m]，**電束密度ベクトル D** [C/m^2]，**磁束密度ベクトル B** [T]，**電流密度ベクトル J** [A/m^2]，および時間 t [s] の間の関係を表した次の（空間と時間に関する）偏微分方程式である：

$$\begin{cases} \nabla \times E = -\dfrac{\partial B}{\partial t} & (3.1) \\ \nabla \times H = J + \dfrac{\partial D}{\partial t} & (3.2) \end{cases}$$

ここに $\nabla \times$ はベクトル場の回転（rot）である．(3.1) は，磁界の時間変化があるところには電界が生じること（電磁誘導）を示している．また (3.2) は，電流と変位電流で磁界が生じることを表している．

さらに，これらを補足する関係式として

$$\begin{cases} \nabla \cdot D = \rho & (3.3) \\ \nabla \cdot B = 0 & (3.4) \end{cases}$$

がある．$\nabla \cdot$ はベクトル場の発散（div）である．(3.3) は，電界が湧き出すとすればそこに電荷密度 ρ [C/m^3] の空間電荷があること（電界の源は電荷），(3.4) は，磁束密度には湧き出しはないこと（磁界には源がない，磁束保存）を表している．

等方性の媒質，すなわち電界の方向に分極し，磁界の方向に磁化し，電界の方向に電流が流れる素直な媒質では，電束密度ベクトルと電界ベクトル，磁束密度ベクトルと磁界ベクトル，電界ベクトルと電流密度ベクトルの間に比例関係があり，

$$\begin{cases} D = \varepsilon E & (3.5) \\ B = \mu H & (3.6) \\ J = \sigma E & (3.7) \end{cases}$$

3.1 電磁波の導出

のように表される．比例係数 ε, μ, σ はそれぞれ，**誘電率** [F/m]，**透磁率** [H/m]，**導電率** [S/m] である．本書の中では等方性媒質だけを扱うので，(3.5)～(3.7) の関係は常に成立すると思ってよいが，世の中には**異方性**の媒質，すなわち分極しやすい方向，磁化しやすい方向，電流が流れやすい方向が予め決まっていて，必ずしも電界の方向に分極しない，磁界の方向に磁化しない，電界の方向に電流が流れない物質もよく存在するので，注意して欲しい．異方性の媒質では，誘電率，透磁率，導電率は，スカラー量ではなくテンソル量になる．

さて (3.1)，(3.2) を直に解こうとしても，変数が多すぎてうまく行かない．そこで，等方性媒質における (3.5)～(3.7) の関係を用いて変数を減らすことを考える．(3.6) を (3.1) に，(3.7)，(3.5) を (3.2) に，それぞれ代入すると，

$$\begin{cases} \nabla \times \boldsymbol{E} = -\mu \dfrac{\partial \boldsymbol{H}}{\partial t} & (3.8) \\ \nabla \times \boldsymbol{H} = \sigma \boldsymbol{E} + \varepsilon \dfrac{\partial}{\partial t} \boldsymbol{E} & (3.9) \end{cases}$$

となって，$\boldsymbol{E}$ と $\boldsymbol{H}$ の空間時間偏微分方程式 2 本に集約される．ここからさらに $\boldsymbol{H}$ を消去するために，$\nabla \times$(3.8) を作って (3.9) を代入すると

$$\nabla \times \nabla \times \boldsymbol{E} = -\mu \frac{\partial}{\partial t}(\nabla \times \boldsymbol{H}) = -\mu\sigma \frac{\partial \boldsymbol{E}}{\partial t} - \mu\varepsilon \frac{\partial^2 \boldsymbol{E}}{\partial t^2} \qquad (3.10)$$

を得る．等方性媒質の仮定により，マクスウェル方程式が $\boldsymbol{E}$ だけの空間時間 2 階偏微分方程式に帰着されたわけである．

さらにもし，媒質中に空間電荷がなければ，$\nabla \cdot \boldsymbol{D} = \varepsilon \nabla \cdot \boldsymbol{E} = 0$ なので（電束密度の湧き出しなし）

$$\nabla \times \nabla \times \boldsymbol{E} \stackrel{\text{ベクトル公式}}{=} \nabla(\nabla \cdot \boldsymbol{E}) - \nabla^2 \boldsymbol{E} = -\nabla^2 \boldsymbol{E} \qquad (3.11)$$

となる．これを (3.10) に代入して，最終的に

$$\nabla^2 \boldsymbol{E} = \mu\sigma \frac{\partial \boldsymbol{E}}{\partial t} + \mu\varepsilon \frac{\partial^2 \boldsymbol{E}}{\partial t^2} \qquad (3.12)$$

という比較的シンプルな方程式が得られる．これは等方性，無電荷の媒質中において，マクスウェル方程式に等価な方程式である．この方程式は 2.1.1 項同様の波動方程式の形をしていることから，**電磁波動方程式**と呼ばれている．結

局のところ，電磁波の諸問題は，この方程式を種々の境界条件のもとで解くことに帰着される．

3.1.2 複素振幅の導入

波動方程式を解く定石の1つは，波が一般に時間に対して正弦波状に変化すると仮定して，電界および磁界を

$$\boldsymbol{E}(\boldsymbol{r},t) \to \sqrt{2}\boldsymbol{E}'(\boldsymbol{r})e^{j\omega t}, \qquad \boldsymbol{H}(\boldsymbol{r},t) \to \sqrt{2}\boldsymbol{H}'(\boldsymbol{r})e^{j\omega t} \tag{3.13}$$

のように空間の関数と時間の関数の積で表し，これらを代入することで方程式を単純化するやり方である．ここに，r, t は位置ベクトルと時間を表し，e, j, ω は，第2章と同じく自然対数の底，虚数単位，振動の角周波数を表す．ここで導入された複素数 $\boldsymbol{E}'(\boldsymbol{r})$, $\boldsymbol{H}'(\boldsymbol{r})$ は，位置 r における振動の振幅と位相を表しており，交流回路理論と同様に**複素振幅**と呼ぶ．その絶対値が実効値に一致するように，係数 $\sqrt{2}$ が掛かっていることも，交流回路理論と同じである．これらを式 (3.8), (3.9) に代入すると，

$$\nabla \times \boldsymbol{E}' = -j\omega\mu\boldsymbol{H}' \tag{3.14}$$

$$\nabla \times \boldsymbol{H}' = (\sigma + j\omega\varepsilon)\boldsymbol{E}' \tag{3.15}$$

となって，マクスウェル方程式における時間微分が複素数の四則演算に変換，単純化される．これ以降の議論では，電界，磁界を表す量として複素振幅を主に用いるので，簡単のため $\boldsymbol{E}'(\boldsymbol{r}), \boldsymbol{H}'(\boldsymbol{r})$ を $\boldsymbol{E}, \boldsymbol{H}$ と記すことにする．

複素振幅を用いると，(3.12) は，次のように書ける：

$$\nabla^2 \boldsymbol{E} + k^2 \boldsymbol{E} = 0 \tag{3.16}$$

$$\text{ただし} \quad k^2 \triangleq \omega^2 \varepsilon\mu - j\omega\mu\sigma \tag{3.17}$$

これを**ヘルムホルツ方程式**（Helmholtz's equation）と称する．磁界についても同様に

$$\nabla^2 \boldsymbol{H} + k^2 \boldsymbol{H} = 0 \tag{3.18}$$

と表すことができる．ヘルムホルツ方程式は，複素振幅で表した電磁波動方程式であって，ほとんどの場合これを出発点にして解析が行われる．その意味で大変重要な方程式と言える．一方，(3.16) の通り，見た目は至極簡単なので，読

3.1 電磁波の導出

者にはこの機会に暗記しておいて欲しい．ただし，この式を解くのは見かけほど簡単ではないということも断っておきたい．

本項の最後に，あとあとのため，以上の諸式を電界，磁界の複素振幅の x, y, z 直交座標成分を使って表しておく：

$$(3.14) \rightarrow \begin{cases} \dfrac{\partial E_z}{\partial y} - \dfrac{\partial E_y}{\partial z} = -j\omega\mu H_x & (3.19\text{a}) \\ \dfrac{\partial E_x}{\partial z} - \dfrac{\partial E_z}{\partial x} = -j\omega\mu H_y & (3.19\text{b}) \\ \dfrac{\partial E_y}{\partial x} - \dfrac{\partial E_x}{\partial y} = -j\omega\mu H_z & (3.19\text{c}) \end{cases}$$

$$(3.15) \rightarrow \begin{cases} \dfrac{\partial H_z}{\partial y} - \dfrac{\partial H_y}{\partial z} = (\sigma + j\omega\varepsilon)E_x & (3.20\text{a}) \\ \dfrac{\partial H_x}{\partial z} - \dfrac{\partial H_z}{\partial x} = (\sigma + j\omega\varepsilon)E_y & (3.20\text{b}) \\ \dfrac{\partial H_y}{\partial x} - \dfrac{\partial H_x}{\partial y} = (\sigma + j\omega\varepsilon)E_z & (3.20\text{c}) \end{cases}$$

$$(3.3) \rightarrow \dfrac{\partial E_x}{\partial x} + \dfrac{\partial E_y}{\partial y} + \dfrac{\partial E_z}{\partial z} = 0 \quad (\text{ただし}\rho = 0 \text{ とした}) \qquad (3.21\text{a})$$

$$(3.4) \rightarrow \dfrac{\partial H_x}{\partial x} + \dfrac{\partial H_y}{\partial y} + \dfrac{\partial H_z}{\partial z} = 0 \qquad (3.21\text{b})$$

$$(3.16) \rightarrow \begin{cases} \dfrac{\partial^2 E_x}{\partial x^2} + \dfrac{\partial^2 E_x}{\partial y^2} + \dfrac{\partial^2 E_x}{\partial z^2} + k^2 E_x = 0 & (3.22\text{a}) \\ \dfrac{\partial^2 E_y}{\partial x^2} + \dfrac{\partial^2 E_y}{\partial y^2} + \dfrac{\partial^2 E_y}{\partial z^2} + k^2 E_y = 0 & (3.22\text{b}) \\ \dfrac{\partial^2 E_z}{\partial x^2} + \dfrac{\partial^2 E_z}{\partial y^2} + \dfrac{\partial^2 E_z}{\partial z^2} + k^2 E_z = 0 & (3.22\text{c}) \end{cases}$$

$$(3.18) \rightarrow \begin{cases} \dfrac{\partial^2 H_x}{\partial x^2} + \dfrac{\partial^2 H_x}{\partial y^2} + \dfrac{\partial^2 H_x}{\partial z^2} + k^2 H_x = 0 & (3.23\text{a}) \\ \dfrac{\partial^2 H_y}{\partial x^2} + \dfrac{\partial^2 H_y}{\partial y^2} + \dfrac{\partial^2 H_y}{\partial z^2} + k^2 H_y = 0 & (3.23\text{b}) \\ \dfrac{\partial^2 H_z}{\partial x^2} + \dfrac{\partial^2 H_z}{\partial y^2} + \dfrac{\partial^2 H_z}{\partial z^2} + k^2 H_z = 0 & (3.23\text{c}) \end{cases}$$

3.1.3 平面波

まず，波動方程式の最もシンプルな解として，**平面波** (plane wave) を考えよう．「平面」の意味するところは，「進行方向に垂直な平面内で一様」ということである．従って，進行方向を z とすると，始めから $\frac{\partial}{\partial x} = 0$, $\frac{\partial}{\partial y} = 0$ を仮定してしまう（x-y 平面内で一様）．さらに，空間や誘電体中の伝搬を想定して $\sigma = 0$（媒質に電流は流れない）と仮定する．

すると (3.19c)，(3.20c) より直ちに

$$H_z = 0, \qquad E_z = 0 \tag{3.24}$$

が言える．このとき (3.21) は自動的に満たされる．残るのは，(3.19a), (3.20b) の

$$-\frac{dE_y}{dz} = -j\omega\mu H_x, \qquad \frac{dH_x}{dz} = j\omega\varepsilon E_y \tag{3.25}$$

と (3.19b)，(3.20a) の

$$\frac{dE_x}{dz} = -j\omega\mu H_y, \qquad -\frac{dH_y}{dz} = j\omega\varepsilon E_x \tag{3.26}$$

である．(E_y, H_x) の組と (E_x, H_y) の組は互いに無関係なので，独立に存在できることとなる．まず (3.26) から

$$\frac{d^2 E_x}{dz^2} = -\omega^2 \varepsilon\mu E_x \tag{3.27}$$

が得られる．これは (2.6) と同形であり，従って，z 方向の前進波，後退波を表す．伝搬定数 γ は (2.8)，(2.9) より

$$\gamma = \sqrt{-\omega^2 \varepsilon\mu} = j\omega\sqrt{\varepsilon\mu} = jk \tag{3.28}$$

となる．k は (3.17) で定義した k である．伝搬定数の虚数部が位相定数 β であったことを思い出すと，$\beta = k$ となることがわかる．その意味で，k のことを，「平面波の位相定数」あるいは**平面波の波数**と呼ぶ．

平面波の**位相速度** v_p は (2.13) より

$$v_p = \frac{\omega}{\beta} = \frac{\omega}{k} = \frac{\omega}{\omega\sqrt{\varepsilon\mu}} = \frac{1}{\sqrt{\varepsilon\mu}} \tag{3.29}$$

3.1 電磁波の導出

と求まる．ここで $\varepsilon = \varepsilon_0$, $\mu = \mu_0$ (ε_0, μ_0 はそれぞれ真空の誘電率と透磁率) とすると，位相速度 v_p は $1/\sqrt{\varepsilon_0 \mu_0}$ となって，**光速** $c = 3 \times 10^8$ [m/s] に一致する．すなわち，平面波は真空中を光速で伝搬する．

$+z$ 方向に伝搬する波（前進波）を考えると，$e^{-\gamma z}$ なる因子を持つので，

$$\frac{d}{dz} = -\gamma = -jk = -j\omega\sqrt{\varepsilon\mu} \tag{3.30}$$

これを (3.26) に代入すると

$$\sqrt{\varepsilon} E_x = \sqrt{\mu} H_y \tag{3.31}$$

を得る．E_x と H_y は完全な比例関係にある．E_x と H_y が対をなして z 方向に伝搬する様子を図 3.1 に示す．

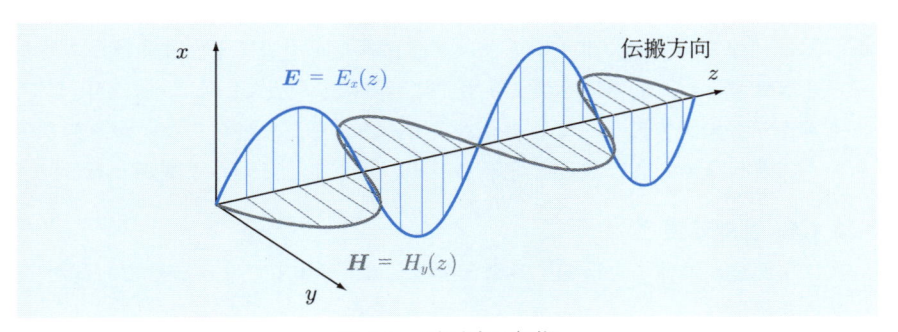

図 3.1 平面波の伝搬

次に (3.25) を考える．これらは (3.26) において $E_x \to E_y$, $H_y \to -H_x$ の置き換えを行ったものに同じである．この操作は図 3.1 で x-y 平面内の 90° 回転を行うことに対応する．すなわち，図 3.1 に示す垂直な電界ベクトルを有する波動と，それとは別にもう 1 つ水平な電界ベクトルを有する波動とが，独立に解として存在する．このように電磁波には一般に直交する独立な 2 つの波成分が含まれていて，それらの位相関係により，それらを合成した結果の電界ベクトルが，直線状に振動したり（直線**偏波**），円状，楕円状に回転したり（円偏波，楕円偏波），様々になって現れることになる．

(3.31) より，E_x と H_y の比は定数になる：

$$\frac{E_x}{H_y} = \sqrt{\frac{\mu}{\varepsilon}} \triangleq \zeta \tag{3.32}$$

この定数 ζ を**電波インピーダンス**（wave impedance）と称する．特に媒質が真空の場合は，

$$\zeta_0 \triangleq \sqrt{\frac{\mu_0}{\varepsilon_0}} = \sqrt{\frac{4\pi \times 10^{-7}}{8.854 \times 10^{-12}}}$$
$$= 377 \ [\Omega] \tag{3.33}$$

となる．$\zeta_0 = 377\,[\Omega]$ を**真空インピーダンス**（intrinsic impedance）と呼んでいる．このように，E と H の比がインピーダンスの次元になることから，$E \leftrightarrow V, H \leftrightarrow I$ なる対応関係の存在が示唆される．

ところで平面波は，数学解としては存在するが，物理的には存在しない波である．なぜなら，後述のポインティングベクトルを用いて平面波の運ぶエネルギーを計算すると，電界磁界が x-y 平面に無限に広がっていることに起因して，エネルギーが無限大になってしまうからである．ただし実在しないから無意味ということは全くなく，波動を理解する基本概念として極めて重要である．

3.1.4 表皮効果

次に平面波が導体中を伝搬する場合を考える．導体中では $\sigma \neq 0$ であるから，伝搬定数は

$$\gamma = \sqrt{-\omega^2 \varepsilon \mu + j\omega\mu\sigma} = \sqrt{j\omega\mu(\sigma + j\omega\varepsilon)}$$
$$\cong \sqrt{j}\sqrt{\omega\mu\sigma} = \frac{1+j}{\sqrt{2}}\sqrt{\omega\mu\sigma} \tag{3.34}$$

となる．上記の近似を行うにあたり，$\sigma \gg \omega\varepsilon$ を仮定した．減衰定数 α は伝搬定数の実部に対応するので，

$$\alpha = \sqrt{\frac{\omega\mu\sigma}{2}} \tag{3.35}$$

と求められる．導体中では，この α に従って「急激に（指数関数的に）」電磁波が減衰する．導体中の自由電子が電磁波のエネルギーをジュール熱に変換してしまうからである．

入射電磁波が $1/e$ に減衰するまでの距離 δ は

3.1 電磁波の導出

$$e^{-\alpha\delta} = e^{-1}$$
$$\therefore \quad \alpha\delta = 1$$
$$\therefore \quad \delta = \sqrt{\frac{2}{\omega\mu\sigma}} \tag{3.36}$$

この δ を**表皮深さ**（skin depth）と呼ぶ．導体中に電磁波が入り込んだ場合，事実上，表面からこの程度しか浸透しないからこのように呼ばれる．

例として銅の場合，$\sigma = 5.8 \times 10^7\,[\mho/\mathrm{m}]$ であるから，$60\,\mathrm{Hz}$ で $\delta = 8.5\,[\mathrm{mm}]$，$10\,\mathrm{GHz}$ で $\delta = 0.66\,[\mu\mathrm{m}]$ と計算される．このように，周波数が上がるほど，表皮深さは浅くなる．銅線に高周波電流を流すと，中心には流れず，表面付近で多く流れるのはこのためである．導体の表面に高周波電流が集中する現象は**表皮効果**と称される．

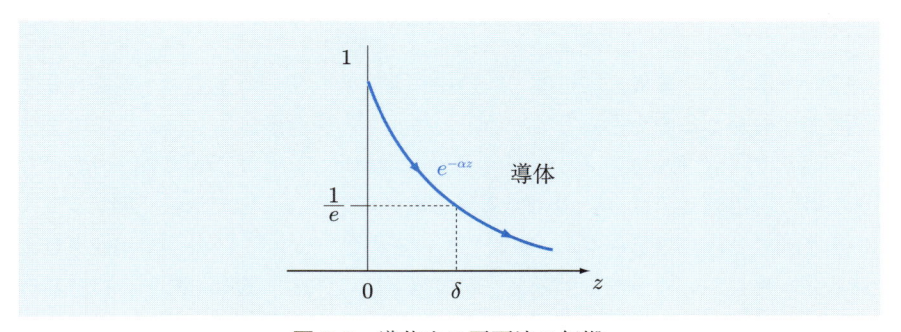

図 3.2 導体中の平面波の伝搬

3.1.5 ポインティングベクトル

図 3.1 に見たように，平面波は電界と磁界のベクトル積 $\boldsymbol{E} \times \boldsymbol{H}$ の方向に伝搬する．このことから，$\boldsymbol{E} \times \boldsymbol{H}$ がエネルギーの流れに対応するベクトル量であることが示唆される．

そのことを調べるために次のような計算を行ってみよう．まず $\boldsymbol{E} \times \boldsymbol{H}$ の発散をとると，

$$\mathrm{div}(\boldsymbol{E} \times \boldsymbol{H}) \overset{\text{ベクトル公式}}{=} \boldsymbol{H}\cdot\boldsymbol{\nabla}\times\boldsymbol{E} - \boldsymbol{E}\cdot\boldsymbol{\nabla}\times\boldsymbol{H}$$
$$\overset{(3.8),(3.9)}{=} -\mu\boldsymbol{H}\cdot\frac{\partial \boldsymbol{H}}{\partial t} - \sigma\boldsymbol{E}^2 - \varepsilon\boldsymbol{E}\cdot\frac{\partial \boldsymbol{E}}{\partial t} \tag{3.37}$$

となる．これを任意の体積 V で積分すると，

$$\int_V \mathrm{div}(\boldsymbol{E} \times \boldsymbol{H})\mathrm{d}V$$
$$= -\int_V \sigma \boldsymbol{E}^2 \mathrm{d}V - \frac{\partial}{\partial t}\int_V \left(\frac{1}{2}\varepsilon \boldsymbol{E}^2 + \frac{1}{2}\mu \boldsymbol{H}^2\right)\mathrm{d}V \tag{3.38}$$

を得る．一方，ガウスの定理により，

$$\int_V \mathrm{div}(\boldsymbol{E} \times \boldsymbol{H})\mathrm{d}V = \int_S (\boldsymbol{E} \times \boldsymbol{H}) \cdot \mathrm{d}\boldsymbol{S} \tag{3.39}$$

が言える．ここに，右辺は V の表面 S 上の面積分である．(3.38), (3.39) より

$$-\frac{\partial}{\partial t}\int_V \left(\frac{1}{2}\varepsilon \boldsymbol{E}^2 + \frac{1}{2}\mu \boldsymbol{H}^2\right)\mathrm{d}V$$
$$= \int_S (\boldsymbol{E} \times \boldsymbol{H}) \cdot \mathrm{d}\boldsymbol{S} + \int_V \sigma \boldsymbol{E}^2 \mathrm{d}V \tag{3.40}$$

が得られる．この式で，左辺は，V の中に蓄えられている電磁エネルギーが単位時間に失われる割合を表している．エネルギー保存則によれば，このエネルギーは V の中で消費されるか，V から外へ漏れ出ているか，していなければならない．右辺第 2 項は，V の中で電流が流れることによって単位時間にジュール熱として失われるエネルギーを表しているので，まさに V の中で消費されている分を表している．だとすると，右辺第 1 項 $\int_S (\boldsymbol{E} \times \boldsymbol{H}) \cdot \mathrm{d}\boldsymbol{S}$ は，単位時間に V の表面 S から出てゆくエネルギーを表していると考えられる．

そこで，

$$\boldsymbol{S} \triangleq \boldsymbol{E} \times \boldsymbol{H} \tag{3.41}$$

なるベクトル量を定義し，これを**ポインティングベクトル**と呼ぶことにする．$\boldsymbol{S}$ は単位面積を単位時間に通過しているエネルギーの向きと大きさを表している．

さて，$\boldsymbol{E}$, $\boldsymbol{H}$ が正弦波的に変化する場合には，(3.41) の時間平均を計算することができる．時間平均を $\langle \rangle$ で表し，(3.13) にならって電界，磁界を複素振幅（実効値）で表すと，

$$\langle \boldsymbol{E} \times \boldsymbol{H} \rangle \stackrel{(3.13)}{=} \langle \mathrm{Re}\sqrt{2}\boldsymbol{E}e^{j\omega t} \times \mathrm{Re}\sqrt{2}\boldsymbol{H}e^{j\omega t} \rangle$$

$$= \left\langle 2 \cdot \frac{\boldsymbol{E}e^{j\omega t} + \boldsymbol{E}^*e^{-j\omega t}}{2} \times \frac{\boldsymbol{H}e^{j\omega t} + \boldsymbol{H}^*e^{-j\omega t}}{2} \right\rangle$$

$$= \frac{1}{2}\langle \boldsymbol{E} \times \boldsymbol{H}^* + \boldsymbol{E}^* \times \boldsymbol{H} + \boldsymbol{E} \times \boldsymbol{H}e^{j2\omega t} + \boldsymbol{E}^* \times \boldsymbol{H}^* e^{-j2\omega t} \rangle$$

（第3項，第4項は時間平均するとゼロ）

$$= \mathrm{Re}(\boldsymbol{E} \times \boldsymbol{H}^*) \tag{3.42}$$

と書ける．従って，複素振幅 $\boldsymbol{E}$, $\boldsymbol{H}$ で**複素ポインティングベクトル** $\boldsymbol{S}$ を

$$\boldsymbol{S} \triangleq \boldsymbol{E} \times \boldsymbol{H}^* \tag{3.43}$$

と定義することにする．このとき，実際に流動するエネルギーは，(3.42) よりその実部である．複素振幅について (3.38) を表現すると

$$j\omega \int_V (\varepsilon|\boldsymbol{E}|^2 - \mu|\boldsymbol{H}|^2)\mathrm{d}V = \int_S (\boldsymbol{E} \times \boldsymbol{H}^*) \cdot \mathrm{d}\boldsymbol{S} + \int_V \sigma|\boldsymbol{E}|^2 \mathrm{d}V \tag{3.44}$$

となる．証明は章末問題としたい．

3.1.6 境界条件

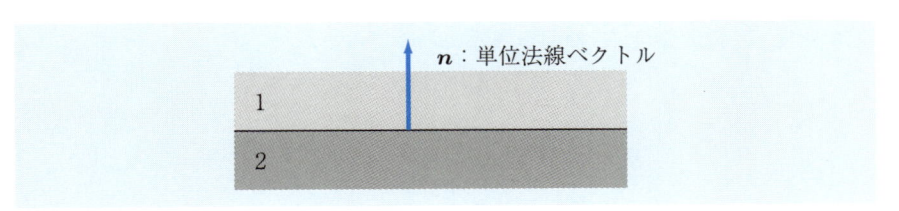

図 3.3 媒質 1 と媒質 2 の境界面

3.3 節以降では，各種の伝送線路の**境界条件**下で，偏微分方程式を解くことになる．その準備として，電磁気学で学んだ異種媒質界面での境界条件についておさらいしておこう．図 3.3 に示すような異なる媒質の境界面を考える．$\boldsymbol{n}$ は界面に垂直な単位ベクトルである．電磁気学の教えるところに従うと，境界面垂直成分について

$$\boldsymbol{n} \cdot (\boldsymbol{D}_1 - \boldsymbol{D}_2) = \rho \tag{3.45a}$$

$$\boldsymbol{n} \cdot (\boldsymbol{B}_1 - \boldsymbol{B}_2) = 0 \tag{3.45b}$$

が成立する．ここに ρ は表面電荷密度 [C/m^2] である．電束密度の垂直成分に不連続があるとすれば，そこには表面電荷が存在する．磁束密度の垂直成分は常に連続である．

接線成分については，

$$\boldsymbol{n} \times (\boldsymbol{E}_1 - \boldsymbol{E}_2) = 0 \tag{3.46a}$$

$$\boldsymbol{n} \times (\boldsymbol{H}_1 - \boldsymbol{H}_2) = \boldsymbol{K} \tag{3.46b}$$

が成立する．ここに $\boldsymbol{K}$ は表面電流密度 [A/m] である．電界の接線成分は常に連続であり，磁界の接線成分に不連続があるとすれば，そこには表面電流が存在する．

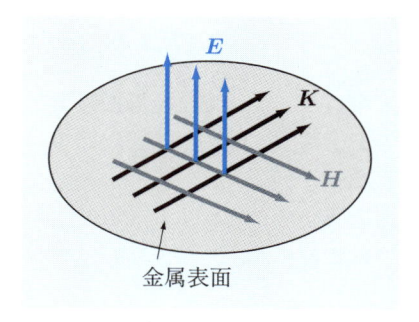

図 3.4　金属表面上の境界条件

金属（完全導体）との境界

媒質 1 が空間（真空），媒質 2 が金属（完全導体）の場合，表皮効果のため電界，磁界は金属内に入り込めず，$\boldsymbol{D}_2, \boldsymbol{B}_2, \boldsymbol{E}_2, \boldsymbol{H}_2$ は全てゼロとなる．従って，上記 4 つの境界条件は，空間の電界 $\boldsymbol{E}$，磁界 $\boldsymbol{H}$，誘電率 ε と，金属表面の電荷密度 ρ，電流密度 $\boldsymbol{K}$ の間の関係に帰着する：

$$\left. \begin{aligned} \boldsymbol{n} \cdot \boldsymbol{E} &= \frac{\rho}{\varepsilon} \\ \boldsymbol{n} \cdot \boldsymbol{H} &= 0 \end{aligned} \right\} \text{垂直成分について} \tag{3.47}$$

$$\left. \begin{aligned} \boldsymbol{n} \times \boldsymbol{E} &= 0 \\ \boldsymbol{n} \times \boldsymbol{H} &= \boldsymbol{K} \end{aligned} \right\} \text{接線成分について} \tag{3.48}$$

このときの $\boldsymbol{E}, \boldsymbol{H}, \boldsymbol{K}$ のベクトル関係を図 3.4 に示す．すなわち，電界ベクトルは金属表面から垂直に立ち上がり，磁界ベクトルは金属表面に並行に存在し，その磁界に対応する大きさの電流が金属表面に（磁界に直交するように）流れる．この境界条件は後に，金属壁面を有する伝送線路の解析に多用されるので，覚えておいて欲しい．

3.2 伝搬電磁波の分類

$+z$ 方向に伝搬する電磁波（前進波）は $e^{-\gamma z}$ 形の因子を有するので，$\frac{\partial}{\partial z} = -\gamma$ である．これを (3.19a)，(3.19b)，(3.20a)，(3.20b) に代入すると（$\sigma = 0$ を仮定），

$$E_x = \frac{1}{\omega^2 \varepsilon \mu + \gamma^2} \left(-j\omega\mu \frac{\partial H_z}{\partial y} - \gamma \frac{\partial E_z}{\partial x} \right) \tag{3.49a}$$

$$E_y = \frac{1}{\omega^2 \varepsilon \mu + \gamma^2} \left(j\omega\mu \frac{\partial H_z}{\partial x} - \gamma \frac{\partial E_z}{\partial y} \right) \tag{3.49b}$$

$$H_x = \frac{1}{\omega^2 \varepsilon \mu + \gamma^2} \left(j\omega\varepsilon \frac{\partial E_z}{\partial y} - \gamma \frac{\partial H_z}{\partial x} \right) \tag{3.49c}$$

$$H_y = \frac{1}{\omega^2 \varepsilon \mu + \gamma^2} \left(-j\omega\varepsilon \frac{\partial E_z}{\partial x} - \gamma \frac{\partial H_z}{\partial y} \right) \tag{3.49d}$$

を得る．つまり電界，磁界の x 成分，y 成分は，z 成分のみを用いて表すことができる．

一方，(3.22c)，(3.23c) に $\frac{\partial}{\partial z} = -\gamma$ を代入すると，

$$\frac{\partial^2 E_z}{\partial x^2} + \frac{\partial^2 E_z}{\partial y^2} = -k_c^2 E_z \tag{3.50a}$$

$$\frac{\partial^2 H_z}{\partial x^2} + \frac{\partial^2 H_z}{\partial y^2} = -k_c^2 H_z \tag{3.50b}$$

$$k_c^2 \triangleq \gamma^2 + k^2 = \gamma^2 + \omega^2 \varepsilon \mu \tag{3.51}$$

となる．ここで導入された k_c は，x-y 平面内の波数と呼ぶべき量であり，後に詳しく論じる．

以上よりわかることは，
(1) 　E_z と H_z はそれぞれ独立にヘルムホルツ方程式 (3.50) を満たすこと
(2) 　その解が求まれば，(3.49) を用いて他の全ての電磁界成分を「芋づる式」に求めることができること

である．そこで，一方向に伝搬する電磁波を，以下のように E_z，H_z をもとに分類することが一般的に行われている：

> (i) $E_z = 0$, $H_z = 0$
> 　　　transverse electric and magnetic wave：TEM 波
> (ii) $E_z = 0$, $H_z \neq 0$　transverse electric wave：TE 波, M 波
> (iii) $E_z \neq 0$, $H_z = 0$　transverse magnetic wave：TM 波, E 波
> (iv) $E_z \neq 0$, $H_z \neq 0$　その他

ここで，"transverse"は，波動の進行方向に垂直な平面を意味しており，例えば"transverse electric"は「進行方向に垂直な平面内に電界ベクトルが収まっている」（すなわち $E_z = 0$）ことを表している．

3.2.1 TEM波

恒等的に $E_z = H_z = 0$ である波動を **TEM 波**と呼ぶ．(3.24) に示す通り，平面波は TEM 波の一種である．逆に，TEM 波は平面波に似た性質を持つ波であるとも言える．

さて，(3.49) で $E_z = H_z = 0$ とすると，$\omega^2 \varepsilon \mu + \gamma^2 = 0$ としない限り，すべての電磁界成分がゼロとなってしまう．ゼロ以外の解を得るためには従って，

$$k_c^2 = \gamma^2 + \omega^2 \varepsilon \mu = 0 \tag{3.52}$$

が要求される．よって

$$\gamma = j\omega\sqrt{\varepsilon\mu} = jk \tag{3.53}$$

すなわち，TEM 波は平面波と同じ伝搬定数および同じ位相速度

$$v_p = \frac{\omega}{k} = \frac{1}{\sqrt{\varepsilon\mu}} = c \quad \text{（光速）} \tag{3.54}$$

を持つことがわかる．この場合，電界磁界の x, y 成分を知るには，(3.19)〜(3.21) にまで遡る必要がある．

$$(3.19\text{c}) \to \frac{\partial E_y}{\partial x} - \frac{\partial E_x}{\partial y} = 0, \quad (3.20\text{c}) \to \frac{\partial H_y}{\partial x} - \frac{\partial H_x}{\partial y} = 0 \tag{3.55}$$

$$(3.21\text{a}) \to \frac{\partial E_x}{\partial x} + \frac{\partial E_y}{\partial y} = 0, \quad (3.21\text{b}) \to \frac{\partial H_x}{\partial x} + \frac{\partial H_y}{\partial y} = 0 \tag{3.56}$$

これらを解くにあたり，電磁気学にならってポテンシャル ψ を仮定すれば，

$E_x = -\frac{\partial \psi}{\partial x}$, $E_y = -\frac{\partial \psi}{\partial y}$ なので，(3.55) 前半は自動的に満たされる．これらを (3.56) 前半に代入すると，

$$\frac{\partial^2 \psi}{\partial x^2} + \frac{\partial^2 \psi}{\partial y^2} = 0 \tag{3.57}$$

を得る．これは，静電界のポテンシャルが満たすべき，2次元の**ラプラス方程式**に他ならない．磁界 H_x, H_y についても全く同様である．従って，TEM 波の伝搬方向に垂直な平面内の電磁界の様子は，静電界，静磁界のそれと全く同一であると言うことができる．

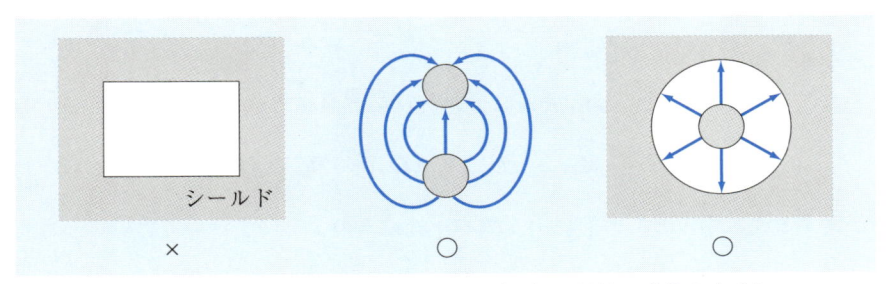

図 3.5 いくつかの伝送線路の断面（灰色の領域は導体を表す）

図 3.5 に，伝送線路の断面の 3 つのケースを示す．初めのケースは単一の導体でできているため，静電界を保持することができず，従って TEM 波を伝送できない．2 番目と 3 番目のケースは，2 つの導体で構成されているため静電界を保持することができ，TEM 波を伝送できる．

(3.19a), (3.19b) に $\frac{\partial}{\partial z} = -\gamma$, $E_z = 0$ を代入すると，TEM 波の電波インピーダンスが

$$\frac{E_x}{H_y} = -\frac{E_y}{H_x} = \sqrt{\frac{\mu}{\varepsilon}} \tag{3.58}$$

と求まる．(3.32) で求めた平面波の電波インピーダンス ζ に一致することがわかる．

3.2.2 TE 波（$E_z = 0$, $H_z \neq 0$）

進行方向に電界成分を持っていない，すなわち恒等的に $E_z = 0$ である波動を，**TE 波**（または **M 波**）と呼ぶ．このときは，磁界 H_z に対するヘルムホ

ツ方程式 (3.50b) を境界条件を満たすように解けばよい．その結果 H_z が求まれば，他の電磁界成分は，(3.49) に $E_z = 0$ を代入した

$$\begin{aligned} E_x &= -\frac{j\omega\mu}{k_c^2}\frac{\partial H_z}{\partial y}, & E_y &= \frac{j\omega\mu}{k_c^2}\frac{\partial H_z}{\partial x} \\ H_x &= -\frac{\gamma}{k_c^2}\frac{\partial H_z}{\partial x}, & H_y &= -\frac{\gamma}{k_c^2}\frac{\partial H_z}{\partial y} \end{aligned} \quad (3.59)$$

を用いて，H_z からそれぞれ計算される．(3.59) より，TE 波の電波インピーダンス Z_H は

$$Z_H = \frac{E_x}{H_y} = -\frac{E_y}{H_x} = \frac{j\omega\mu}{\gamma} \quad (3.60)$$

となる．

ここで電磁界の進行方向に垂直な平面内の成分（transverse 成分）をまとめて，

$$\boldsymbol{E}_t \triangleq \boldsymbol{i}E_x + \boldsymbol{j}E_y, \qquad \boldsymbol{H}_t \triangleq \boldsymbol{i}H_x + \boldsymbol{j}H_y \quad (3.61)$$

と表すことにすると，式 (3.59), (3.60) は以下のようにまとめて書くこともできる．

$$\begin{cases} \boldsymbol{E}_t = \left(\frac{j\omega\mu}{k_c^2}\right)\boldsymbol{k} \times \mathrm{grad}_t H_z & (3.62\mathrm{a}) \\ \boldsymbol{H}_t = \left(-\frac{\gamma}{k_c^2}\right)\mathrm{grad}_t \boldsymbol{H}_z & (3.62\mathrm{b}) \\ Z_H \boldsymbol{H}_t = \boldsymbol{k} \times \boldsymbol{E}_t & (3.62\mathrm{c}) \end{cases}$$

ただし

$$\mathrm{grad}_t \triangleq \boldsymbol{i}\frac{\partial}{\partial x} + \boldsymbol{j}\frac{\partial}{\partial y} \quad (3.63)$$

ここに $\boldsymbol{i}$, $\boldsymbol{j}$, $\boldsymbol{k}$ はそれぞれ，x 方向，y 方向，z 方向の単位ベクトルである．(3.62c) の通り，$\boldsymbol{E}_t$ と $\boldsymbol{H}_t$ とは，電波インピーダンス Z_H で比例的に結びついている．

3.2.3 TM 波（$E_z \neq 0$, $H_z = 0$）

進行方向に磁界成分を持っていない，すなわち恒等的に $H_z = 0$ である波動を，**TM 波**（または **E 波**）と呼ぶ．今度は，(3.50a) を境界条件を満たすように解いて E_z を求め，それと，(3.49) で $H_z = 0$ とおいた

$$E_x = -\frac{\gamma}{k_c^2}\frac{\partial E_z}{\partial x}, \qquad E_y = -\frac{\gamma}{k_c^2}\frac{\partial E_z}{\partial y}$$
$$H_x = \frac{j\omega\varepsilon}{k_c^2}\frac{\partial E_z}{\partial y}, \qquad H_y = -\frac{j\omega\varepsilon}{k_c^2}\frac{\partial E_z}{\partial x} \tag{3.64}$$

を用いて，他の電磁界成分を求めればよい．これより TM 波の電波インピーダンス Z_E は

$$Z_E = \frac{E_x}{H_y} = -\frac{E_y}{H_x} = \frac{\gamma}{j\omega\varepsilon} \tag{3.65}$$

となる．

また，前節同様にこれらをまとめて電磁界の transverse ベクトルで表現することができる：

$$\begin{cases} \boldsymbol{E}_t = \left(-\dfrac{\gamma}{k_c^2}\right)\mathrm{grad}_t E_z & \text{(3.66a)} \\[6pt] \boldsymbol{H}_t = \left(-\dfrac{j\omega\varepsilon}{k_c^2}\right)\boldsymbol{k}\times\mathrm{grad}_t E_z & \text{(3.66b)} \\[6pt] Z_E\boldsymbol{H}_t = \boldsymbol{k}\times\boldsymbol{E}_t & \text{(3.66c)} \end{cases}$$

3.2.4 その他一般（$E_z \neq 0$, $H_z \neq 0$）

E_z も H_z もゼロではない一般の場合には，本節冒頭に述べた通り，E_z と H_z をそれぞれ (3.50) で解き，(3.49) を用いて他の電磁界成分を求めるプロセスを踏む必要がある．実際の応用では，数学的になるべくシンプルな波動を利用しようとするので，TEM 波が存在すれば TEM 波を，そうでなければ TE 波または TM 波を利用することが多い．それ以外の波動を利用することはむしろ希である．

3.3 矩形導波管

ここまでの知見をいよいよ具体的な伝送線路に適用してみよう．初めに図 3.6 に示すような，断面が矩形の金属管を考える．水道管が水を伝え，ガス管がガスを伝えるのと同じように，このような金属パイプは電磁波を伝えることができる．断面が円形でないのは，機械的強度よりも数学的取り扱いの容易さや波動（モード）の安定性を重視しているからである．このような電磁波伝送路を**矩形導波管**（または方形導波管）と呼ぶ．

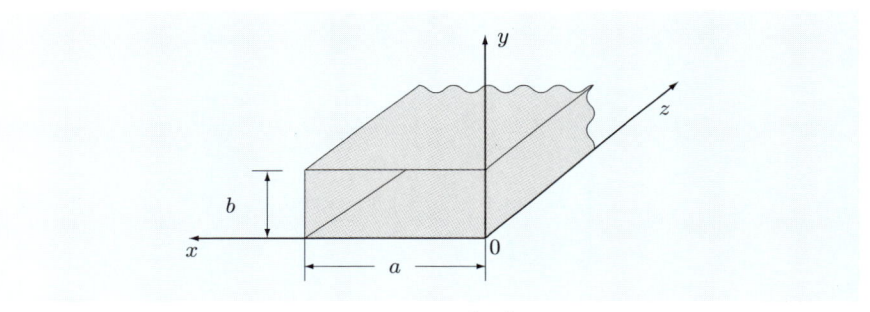

図 3.6 矩形導波管

前節で議論した通り，まずは一番簡単な TEM 波が存在するか考えよう．しかしこの場合，伝送路が単一の導体でできているので，図 3.5 で見た通り TEM 波は伝搬し得ないことが直ちに結論できる．

3.3.1 TE 波の伝搬

次に，TE 波が存在するか吟味してみる．金属と空間の境界条件から，金属管壁上で電界の接線成分がゼロとなるべきこと，および TE 波なので電界の z 成分が恒等的にゼロとなるべきことを考慮すると，

$$E_x(y=0,b) = 0, \qquad E_y(x=0,a) = 0, \qquad E_z = 0 \qquad (3.67)$$

でなければならない．この条件のもとで磁界に対するヘルムホルツ方程式(3.50b)を解けばよい．(3.67) は (3.59) に代入すると，H_z についての

$$\frac{\partial H_z}{\partial y}(y=0,b) = 0, \qquad \frac{\partial H_z}{\partial x}(x=0,a) = 0 \qquad (3.68)$$

3.3 矩形導波管

という制約条件になる．前節の操作によって，既に電界，磁界の z 依存性は落としてあるので，H_z および他の電磁界成分はもはや x と y のみの関数である．今，H_z が

$$H_z = X(x) \cdot Y(y) \tag{3.69}$$

のように x のみの関数 X と y のみの関数 Y に変数分離されると仮定する．これを (3.50b)（ヘルムホルツ方程式）に代入し，XY で割ると，

$$Y\frac{\mathrm{d}^2 X}{\mathrm{d}x^2} + X\frac{\mathrm{d}^2 Y}{\mathrm{d}y^2} = -k_c^2 XY$$

$$\to \frac{1}{X}\frac{\mathrm{d}^2 X}{\mathrm{d}x^2} + \frac{1}{Y}\frac{\mathrm{d}^2 Y}{\mathrm{d}y^2} + k_c^2 = 0 \tag{3.70}$$

を得る．これが恒等的に成立するためには，各項がそれぞれ定数である必要がある．つまり

$$\frac{1}{X}\frac{\mathrm{d}^2 X}{\mathrm{d}x^2} = -k_x^2, \qquad \frac{1}{Y}\frac{\mathrm{d}^2 Y}{\mathrm{d}y^2} = -k_y^2, \qquad k_x^2 + k_y^2 = k_c^2 \tag{3.71}$$

これらは単振動を表す常微分方程式であるから，その一般解は，

$$\begin{cases} X = A\cos k_x x + B\sin k_x x \\ Y = C\cos k_y y + D\sin k_y y \end{cases} \tag{3.72}$$

である．

次に，境界条件 (3.68) を満たすよう A, B, C, D を定める．

$$\frac{\partial H_z}{\partial y} = X\frac{\mathrm{d}Y}{\mathrm{d}y} = (A\cos k_x x + B\sin k_x x)k_y(-C\sin k_y y + D\cos k_y y)$$

$$\left.\frac{\partial H_z}{\partial y}\right|_{y=0} = (A\cos k_x x + B\sin k_x x)k_y D \stackrel{(3.68)}{\Rightarrow} 0 \qquad \therefore\quad D = 0$$

$$\left.\frac{\partial H_z}{\partial y}\right|_{y=b} = (A\cos k_x x + B\sin k_x x)k_y(-C\sin k_y b) \Rightarrow 0$$

$$\therefore\quad k_y b = n\pi \quad (n = 0, 1, 2\cdots) \tag{3.73}$$

$$\frac{\partial H_z}{\partial x} = Y\frac{\mathrm{d}X}{\mathrm{d}x} = k_x(-A\sin k_x x + B\cos k_x x)(C\cos k_y y + D\sin k_y y)$$

$$\left.\frac{\partial H_z}{\partial x}\right|_{x=0} = k_x B(C\cos k_y y + D\sin k_y y) \Rightarrow 0 \qquad \therefore \quad B = 0$$

$$\left.\frac{\partial H_z}{\partial x}\right|_{x=a} = k_x(-A\sin k_x a)(C\cos k_y y + D\sin k_y y) \Rightarrow 0$$

$$\therefore \quad k_x a = m\pi \quad (m = 0, 1, 2, \cdots)$$
(3.74)

よって，ヘルムホルツ方程式の解は，

$$H_z = XY = AC\cos\left(\frac{m\pi}{a}x\right)\cos\left(\frac{n\pi}{b}y\right) \tag{3.75}$$

となる．結局のところ，(3.68) の条件からは，B, D, k_x, k_y しか定まらず，A, C は積の形で未定のままである．AC は振動の振幅に相当し，実際，電磁波を励振する強さがわからないと決められない．

さて，改めて解 (3.75) を眺めると，整数値 m, n の組合せによって無限の解があり得ることがわかる．これらの解のひとつひとつを**モード**と呼び，特に今の場合は TE 波に属する解なので，それぞれを **TE$_{mn}$ モード**と命名することにする．

振幅を AC の代わりに H_{mn} で表すことにすると，他の界成分は (3.59) を用いて

$$E_x = \frac{j\omega\mu k_y}{k_c^2}H_{mn}\cos k_x x \sin k_y y \tag{3.76a}$$

$$E_y = -\frac{j\omega\mu k_x}{k_c^2}H_{mn}\sin k_x x \cos k_y y \tag{3.76b}$$

$$H_x = \frac{\gamma k_x}{k_c^2}H_{mn}\sin k_x x \cos k_y y \tag{3.76c}$$

$$H_y = \frac{\gamma k_y}{k_c^2}H_{mn}\cos k_x x \sin k_y y \tag{3.76d}$$

のように「芋づる式」に求まる．上で

$$k_x = \frac{m\pi}{a}, \qquad k_y = \frac{n\pi}{b}, \qquad k_c^2 = k_x^2 + k_y^2 \tag{3.77}$$

3.3.2 TEモードの具体例

さて m, n の組合せの中で最も簡単な場合は $m = n = 0$ であるが，すると $k_x = k_y = 0$ となって，(3.76) より $E_x = E_y = H_x = H_y = 0$ となってしまう．これはもはや，動的電磁界とは言えない．なんとなれば，H_z が時間的に変化すれば，電磁誘導によって必ず電界を生じるはずだからである．従って，$m = n = 0$ に対応する解は物理的には存在しない．

次に簡単な場合として $m = 1, n = 0$ (TE$_{10}$) を考える．このとき (3.77) は

$$k_x = \frac{\pi}{a}, \qquad k_y = 0, \qquad k_c = k_x \tag{3.78}$$

となり，従って，もともとゼロであった E_z 以外の5つの電磁界成分が

$$\begin{cases} H_z = H_{10} \cos \dfrac{\pi x}{a} \\ E_x = 0, \qquad E_y = -\dfrac{j\omega\mu k_x}{k_x^2} H_{10} \sin k_x x = -\dfrac{j\omega\mu a}{\pi} H_{10} \sin \dfrac{\pi x}{a} \\ H_x = \dfrac{\gamma k_x}{k_c^2} H_{10} \sin k_x x = \dfrac{\gamma a}{\pi} H_{10} \sin \dfrac{\pi x}{a}, \qquad H_y = 0 \end{cases} \tag{3.79}$$

のように定まる．このように TE$_{10}$ モードでは，E_x も H_y も恒等的にゼロとなるため，実質 H_z, E_y, H_x の3成分だけになる．E_y と H_x を図示すると図3.7のようになる．電界，磁界ベクトルの大きさと方向を矢印で示している．

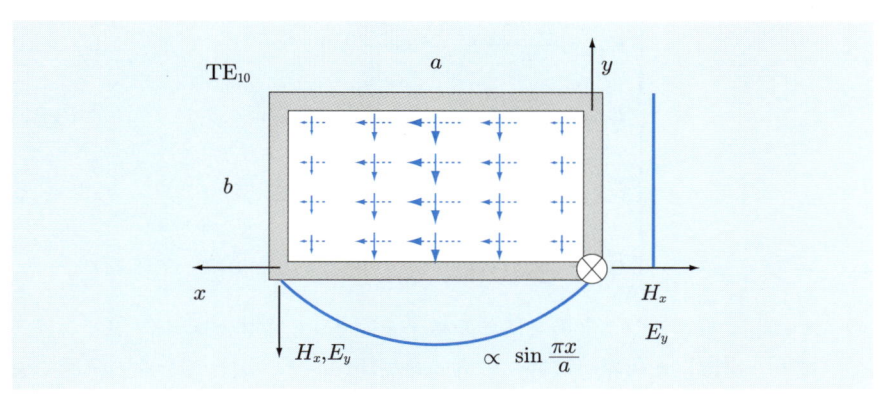

図 3.7 TE$_{10}$ モード（電界は縦向き，磁界は横向き）

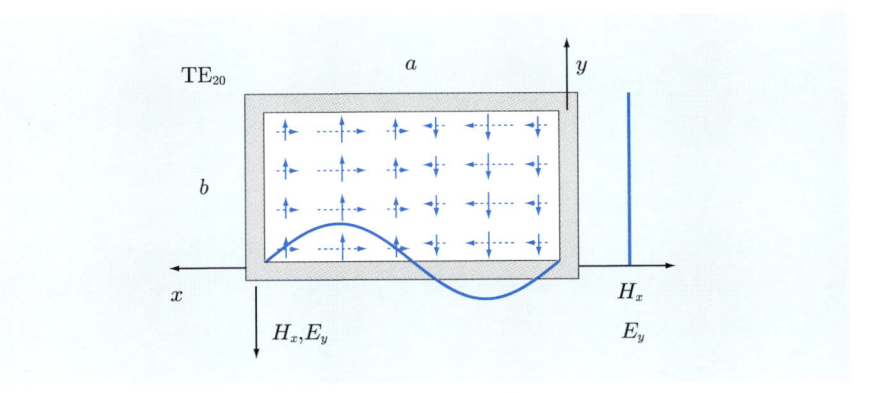

図 3.8 TE$_{20}$ モード

TE$_{01}$ モードは，TE$_{10}$ モードの x 軸と y 軸を交換したものと同じである．

TE$_{20}$ モードについては，x 方向の位相定数（波数）k_x が 2 倍となる（$k_x = 2\pi/a$）こと以外は，TE$_{10}$ モードと同じである．その様子を図 3.8 に示す．

TE$_{11}$ モードの場合，(3.77) は

$$k_x = \frac{\pi}{a}, \qquad k_y = \frac{\pi}{b}, \qquad k_c^2 = k_x^2 + k_y^2 \tag{3.80}$$

となる．よって，$E_z(=0)$ 以外の 5 成分が，

$$\begin{cases} H_z = H_{11} \cos \frac{\pi x}{a} \cos \frac{\pi y}{b} \\ E_x = \frac{j\omega\mu k_y}{k_c^2} H_{11} \cos \frac{\pi x}{a} \sin \frac{\pi y}{b} \\ E_y = -\frac{j\omega\mu k_x}{k_c^2} H_{11} \sin \frac{\pi x}{a} \cos \frac{\pi y}{b} \\ H_x = \frac{\gamma k_x}{k_c^2} H_{11} \sin \frac{\pi x}{a} \cos \frac{\pi y}{b} \\ H_y = \frac{\gamma k_y}{k_c^2} H_{11} \cos \frac{\pi x}{a} \sin \frac{\pi y}{b} \end{cases} \tag{3.81}$$

のように求まる．このときの電磁界の様子を図 3.9 に示す．図 3.7，3.8 と違って，電界（実線）と磁界（破線）の方向を矢印の向き，大きさを線の密度で表現している．静電磁気学における電気力線，磁力線の表記法と同じである．本

書の場合，動的電磁界を扱っているので，図 3.9 に示した状況はある一瞬のスナップショットにすぎず，時間とともに矢印の向きは反転，交番し，力線の疎密も変化することに注意して欲しい．

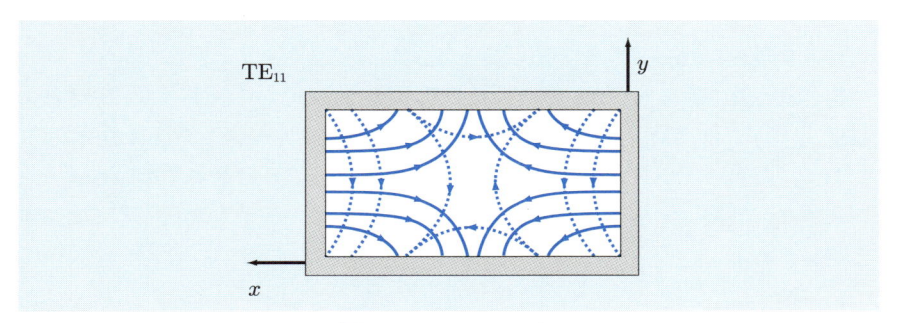

図 3.9　TE$_{11}$ モード

3.3.3　TM波の伝搬

次に，TM 波の解があるか調べてみる．H_z は恒等的にゼロであり，E_z に対しヘルムホルツ方程式 (3.50a) を適用して E_z を求め，それから (3.64) を利用して他の電磁界成分を求めればよい．実際の手順は，境界条件を含め TE 波と全く同様なので省略する．結果を示すと，transverse 平面内の波数は，TE 波同様

$$k_x = \frac{m\pi}{a}, \qquad k_y = \frac{n\pi}{b} \tag{3.82}$$

となる．ヘルムホルツ方程式 (3.50a) の解は

$$E_z = E_{mn} \sin\frac{m\pi}{a}x \sin\frac{n\pi}{b}y \tag{3.83}$$

と求まる．これを (3.64) に代入することで（TM 波の仮定より $H_z \equiv 0$），E_z 以外の電磁界成分が

$$\begin{cases} E_x = -\dfrac{\gamma k_x}{k_c^2} E_{mn} \cos k_x x \sin k_y y, & E_y = -\dfrac{\gamma k_y}{k_c^2} E_{mn} \sin k_x x \cos k_y y \\ H_x = \dfrac{j\omega\varepsilon k_y}{k_c^2} E_{mn} \sin k_x x \cos k_y y, & H_y = -\dfrac{j\omega\varepsilon k_x}{k_c^2} E_{mn} \cos k_x x \sin k_y y \end{cases} \tag{3.84}$$

のように定められる．

次に具体例を考えてみると，$(m,n) = (0,0)$, $(1,0)$, $(0,1)$ のいずれの場合も，(3.83) の形から $E_z = 0$ となってしまうことがわかる．つまり $H_z = E_z = 0$ となってしまい，それは TEM 波を意味する．しかし本節冒頭に述べた通り，単一導体からなっている導波管には TEM 波は伝搬しない．従って，これらはいずれも物理的には許されない解と言える．

物理的に許される m と n の組合せの最小は $(1,1)$ である．よって，TM 波の最低次モードは TM_{11} である．TM_{11} モードの電磁界の様子を図 3.10 に示しておく．電界（実線）は放射状に存在し，磁界（破線）は電界を束ねるように周回する．時間とともに矢印が反転，交番し，力線の疎密も変化することは前と同様である．

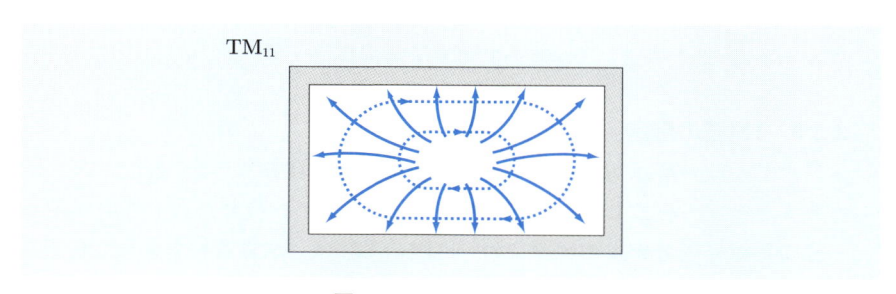

図 3.10　TM_{11} モード

3.3.4　導波管の基本概念
遮断周波数

伝搬定数 γ と平面波波数 k，x-y 平面内波数 k_c との間には，(3.51) から

$$\gamma = \alpha + j\beta = \sqrt{k_c^2 - \omega^2 \varepsilon\mu} = \sqrt{k_c^2 - k^2} \tag{3.85}$$

の関係がある．従って，

(i)　　$k_c > k$ のとき　$\gamma = $ 正実数 $= \alpha$
(ii)　　$k_c < k$ のとき　$\gamma = $ 純虚数 $= j\beta$

が言える．すなわち，(i) の場合は $+z$ 方向に減衰定数 α で指数関数的に減衰する．(ii) の場合は z 方向に位相定数 β で持続的に伝搬可能である．

一方 $k = \omega\sqrt{\varepsilon\mu}$ であるから，(ii) の条件は

3.3 矩形導波管

$$\omega > \frac{k_c}{\sqrt{\varepsilon\mu}} = ck_c \triangleq \omega_c \tag{3.86}$$

と書き直すことができる．これより，電磁波の角周波数 ω が導波管の形状から決まる値 ω_c よりも高い場合に限って，導波管を伝搬することが可能であることがわかる．この意味で，導波管は「高域通過（ハイパス）フィルタ」であると言える．

角周波数の次元を有する ω_c を周波数の次元に直した

$$f_c \triangleq \frac{\omega_c}{2\pi} \tag{3.87}$$

を，導波管の**遮断周波数**（cutoff frequency）と称する．k_c は導波管断面の寸法と m, n により定まるので，f_c はモード毎に異なる値となる．遮断周波数に対応する自由空間波長

$$\lambda_c \triangleq \frac{c}{f_c} = \frac{2\pi}{k_c} \tag{3.88}$$

を**遮断波長**と呼ぶ．

基本モード

導波管のモード中で最も低い遮断周波数を有するモードを，その導波管の**基本モード**（fundamental mode または dominant mode）という．遮断周波数は (3.86) で与えられるので，基本モードの k_c は最も小さいと言える．k_c は (3.77)，(3.82) より，TE 波，TM 波ともに

$$k_c^2 = k_x^2 + k_y^2 = \left(\frac{m\pi}{a}\right)^2 + \left(\frac{n\pi}{b}\right)^2 \tag{3.89}$$

と表される．横長の導波管（$a > b$）と仮定すれば，最小の k_c^2 は $(m,n) = (1,0)$ のときに得られ，最小値 $k_{c\,\min}$ は π/a となる．前述の通り TM$_{10}$ は存在しないので，結果として矩形導波管の基本モードは TE$_{10}$ だけであり，その遮断周波数は，(3.87) より

$$f_c = \frac{\omega_c}{2\pi} = c \cdot \frac{\pi}{a} \cdot \frac{1}{2\pi} = \frac{c}{2a} \tag{3.90}$$

となる．対応する遮断波長は $2a$ である．すなわち，導波管の横幅の 2 倍より長い波長の電磁波は，導波管に入ってゆくことができない．

今，2 番目に小さい k_c を有するモードに対する遮断周波数を f_c' とすると，

$f_c < f < f_c'$ を満たす範囲の周波数で導波管を励振するならば，基本モード以外の高次モード（higher mode）は全て遮断（cut-off）されるので，基本モードのみが伝搬することになる．導波管中にいくつかのモードが存在すると，それぞれの伝搬速度が異なるため，特に情報を伝えようとする場合に不都合が起きやすい．それなので，通常は上記の周波数範囲で（単一モード導波管として）使用する．

縮退

一般に，異なるモードが同じ遮断周波数（同じ k_c）を有する場合，これらのモードは**縮退**（degenerate）しているという．(3.89) から明らかなように TE_{mn} と TM_{mn} は縮退している．$a = b$ のときは当然，TE_{mn}, TE_{nm}, TM_{mn}, TM_{nm} が縮退することになる．

3.3.5 TE_{10} 基本モードの性質

矩形導波管では，その基本モードである TE_{10} モードが主に利用されるので，その性質を詳しく見ておこう．まず (3.79) で，

$$E_{10} \triangleq \frac{j\omega\mu a}{\pi} H_{10} \tag{3.91}$$

とおくことにすると，TE_{10} モードの各電磁界成分は，

$$\begin{cases} H_z = -\dfrac{j\pi}{\omega\mu a} E_{10} \cos \dfrac{\pi x}{a} \\ E_y = -E_{10} \sin \dfrac{\pi x}{a} \\ H_x = \dfrac{\beta}{\omega\mu} E_{10} \sin \dfrac{\pi x}{a} \stackrel{(3.60)}{=} \dfrac{E_{10}}{Z_H} \sin \dfrac{\pi x}{a} \end{cases} \tag{3.92}$$

と書ける．また，TE_{10} モードの断面内波数，遮断周波数，遮断波長，位相定数はそれぞれ，

$$k_c = \frac{\pi}{a}, \qquad f_c = \frac{c}{2a}, \qquad \lambda_c = 2a \tag{3.93}$$

$$\beta = \sqrt{\omega^2 \varepsilon\mu - k_c^2} = \sqrt{\frac{\omega^2}{c^2} - \frac{\pi^2}{a^2}} \tag{3.94}$$

となる．(3.94) の関係をベクトルで表現すると図 3.11 のようになる．これより，導波管中では，平面波が z 方向に対し θ の角度で，反射を繰り返しながら伝搬していると解釈できる（図 3.12）．

3.3 矩形導波管

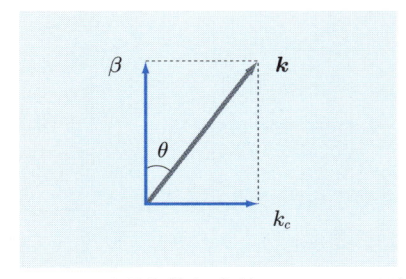

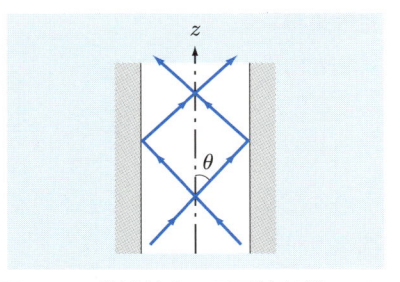

図 3.11 波数と位相定数のベクトル関係　　**図 3.12** 導波管中の平面波伝搬モデル

位相速度

$$v_p \stackrel{(2.13)}{=} \frac{\omega}{\beta} = \frac{\omega}{\sqrt{k^2 - k_c^2}} = \frac{c}{\sqrt{1 - (\omega_c/\omega)^2}} \tag{3.95}$$

分母は 1 より小さいので位相速度は光速 c を超える．特に，角周波数 ω が遮断角周波数 ω_c に近づくと，位相速度は無限大になり，一見相対性原理に反することが起きているように思われる．しかしこの矛盾は，上の平面波モデルにより解消される．

つまり，エネルギーは平面波の方向に伝搬すると考えれば，その z 方向速度成分は $v_z = c \cdot \cos\theta = c \cdot \frac{\beta}{k}$ となり（図 3.13 参照），光速を超えることはない．$v_z < c < v_p$ の関係になる．遮断周波数近傍では，図で θ が 90 度に近づくため，位相速度が極めて大きくなることが理解されよう．このとき**エネルギー速度**は，逆に非常に小さくなる．

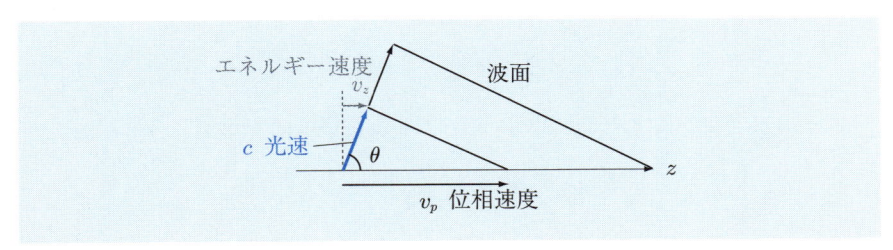

図 3.13 エネルギー速度と位相速度

管内波長

管軸方向の波長 λ_g は，v_p より

$$\lambda_g = \frac{v_p}{f} = \frac{2\pi}{\sqrt{k^2 - k_c^2}} = \frac{\lambda}{\sqrt{1 - (\lambda/\lambda_c)^2}} \tag{3.96}$$

と求められる．図 3.13 において，波面の間隔が自由空間波長 λ に，z 軸上で見た波面の間隔が管内波長 λ_g に，それぞれ対応している．λ_g は λ よりも長く，λ が遮断波長 $\lambda_c(=2a)$ に近づくほど長くなることがわかる．

伝送電力

複素ポインティングベクトルの z 方向成分は，(3.43) より，

$$\boldsymbol{k} \cdot S_z = \boldsymbol{E}_t \times \boldsymbol{H}_t^* = (\boldsymbol{i}E_x + \boldsymbol{j}E_y) \times (\boldsymbol{i}H_x^* + \boldsymbol{j}H_y^*) \quad (E_x = 0, H_y^* = 0)$$

$$= -\boldsymbol{k}E_y H_x^* = \boldsymbol{k}\left(\frac{\beta}{\omega\mu}\right) \sin^2 \frac{\pi x}{a} E_{10} \cdot E_{10}^* \tag{3.97}$$

これを導波管の断面内で積分して，TE_{10} モードの伝送電力が次のように求まる：

$$P = \int_0^a \int_0^b \mathrm{Re} S_z \mathrm{d}x\mathrm{d}y = \frac{\beta}{\omega\mu}|E_{10}|^2 \int_0^a \int_0^b \sin^2 \frac{\pi x}{a} \mathrm{d}x\mathrm{d}y$$

$$= \frac{\beta}{\omega\mu}|E_{10}|^2 \left[\frac{1}{2}x - \frac{a}{4\pi}\sin\frac{2\pi x}{a}\right]_0^a \cdot b = \frac{ab}{2}\frac{\beta}{\omega\mu}|E_{10}|^2 = \frac{\beta\omega\mu a^3 b}{2\pi^2}|H_{10}|^2 \tag{3.98}$$

等価回路

A を比例定数として，電圧，電流を，

$$V(z) = AE_{10}e^{-j\beta z}, \qquad I(z) = \frac{V(z)}{Z_H} \tag{3.99}$$

のように表すことにすると，TE_{10} モードの電磁界 (3.92) を，

$$\begin{cases} H_z(z) = H_z e^{-j\beta z} = -\dfrac{j\pi}{\omega\mu aA}\cos\dfrac{\pi x}{a}\cdot V(z) \\ E_y(z) = -\dfrac{1}{A}\sin\dfrac{\pi x}{a}\cdot V(z) \\ H_x(z) = \dfrac{1}{A}\sin\dfrac{\pi x}{a}\cdot I(z) \end{cases} \tag{3.100}$$

と表すことができる．これらを (3.19c), (3.20b) に代入すると，TE_{10} モードにおける V と I の関係が次のように求まる：

3.3 矩形導波管

$$\left.\begin{array}{l}\dfrac{1}{A}\sin\dfrac{\pi x}{a}\dfrac{\mathrm{d}V}{\mathrm{d}z}=-j\omega\mu\dfrac{1}{A}\sin\dfrac{\pi x}{a}\cdot I\\[4pt]\rightarrow\quad -\dfrac{\mathrm{d}V}{\mathrm{d}z}=j\omega\mu I\\[6pt]\dfrac{1}{A}\sin\dfrac{\pi x}{a}\dfrac{\mathrm{d}I}{\mathrm{d}z}=j\omega\varepsilon\cdot E_y+\dfrac{\partial H_z}{\partial x}\\[6pt]\qquad\quad =j\omega\varepsilon\left(-\dfrac{1}{A}\right)\sin\dfrac{\pi x}{a}V+\dfrac{j\pi^2}{\omega\mu a^2 A}\sin\dfrac{\pi x}{a}V\\[6pt]\rightarrow\quad -\dfrac{\mathrm{d}I}{\mathrm{d}z}=\left(j\omega\varepsilon+\dfrac{\pi^2}{j\omega\mu a^2}\right)V\end{array}\right\} \quad (3.101)$$

これらと分布定数線路の式 (2.4),(2.5) を比較すると,単位長さあたりのインピーダンス,アドミタンスが

$$Z=j\omega\mu,\qquad Y=j\omega\varepsilon+\dfrac{1}{j\omega\mu\left(a^2/\pi^2\right)} \quad (3.102)$$

と決定できる.つまり,TE_{10} モードを伝送している矩形導波管は,Z,Y を有する図 3.14 のような分布定数線路とみなすことができる.

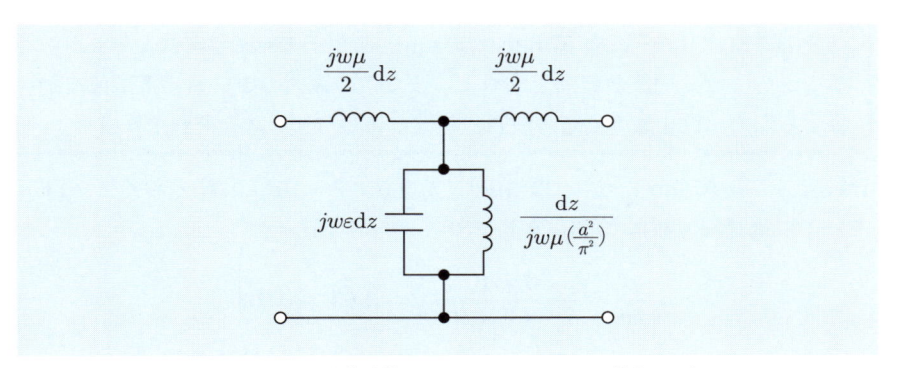

図 3.14 矩形導波管中の TE_{10} モードの等価回路

(2.7),(2.20) を用いて,第 2 章の流儀で伝搬定数と特性インピーダンスを求めると,

$$(\text{伝搬定数})\quad \gamma^2(=-\beta^2)=YZ=-\omega^2\varepsilon\mu+\left(\dfrac{\pi}{a}\right)^2 \quad (3.103)$$

$$(\text{特性インピーダンス})\quad Z_0=\sqrt{\dfrac{Z}{Y}}=\sqrt{\dfrac{Z^2}{YZ}}=\dfrac{j\omega\mu}{\gamma} \quad (3.104)$$

となり，これらは第3章の流儀で求めた (3.94), (3.60)（電波インピーダンス Z_H）と一致する．上で決定した等価回路が正当なものである1つの証左である．

図 3.14 の回路は，平列にインダクタンスが入っている形なので，直流から低周波域に対してはほぼ短絡状態である．従って，ある程度高周波でないと電圧を伝えられないことが，等価回路からも明らかであろう．図 3.14 の等価回路と，導波管の実際の形状との対応関係を図 3.15 に示しておく．電流電圧の向きが直観的に理解されよう．

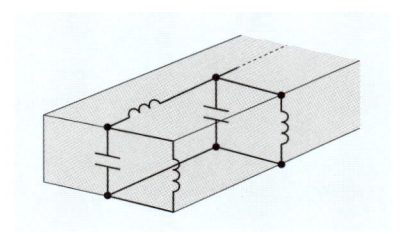

図 3.15 等価回路と物理的形状との対応

ここで求めた等価回路はあくまで TE_{10} モードに対するものであって，2つ以上のモードが同時に伝搬する場合は，各モード毎に（別々の）等価回路を考える必要があることに注意しておいて欲しい．

例題 3.1

矩形導波管 R40（内寸 57 mm × 29 mm）を単一モード導波管として用いることのできる周波数範囲を求めよ．またこの範囲の中央値で電磁波を励振する際の，位相速度，管内波長，特性インピーダンスをそれぞれ求めよ．

【解答】 $a = 57\,[\mathrm{mm}]$, $b = 29\,[\mathrm{mm}]$, 光速 $c = 3 \times 10^8\,[\mathrm{m/s}]$ とおくと，TE_{10} モードの遮断周波数は (3.90) より

$$\frac{c}{2a} = \frac{3 \times 10^8}{2 \times 57 \times 10^{-3}} = 2.63 \quad [\mathrm{GHz}]$$

となる．他の比較的低次のモードの遮断周波数は，(3.89) を変形した

$$f_c = \frac{ck_c}{2\pi} = \frac{c}{2\pi}\sqrt{\left(\frac{m\pi}{a}\right)^2 + \left(\frac{n\pi}{b}\right)^2} = \frac{c}{2}\sqrt{\left(\frac{m}{a}\right)^2 + \left(\frac{n}{b}\right)^2}$$

に，$(m, n) = (0, 1), (1, 1), (2, 0), \ldots$ を代入することで，5.17 GHz, 5.8 GHz, 5.26 GHz のように求められる．従って，2番目に低い遮断周波数は，$(m, n) = (0, 1)$ の場合の 5.17 GHz であることがわかる．よって，TE_{10} 基本モードのみの単一モード導波管として動作する周波数範囲は，2.63 〜 5.17 GHz と求めら

3.3 矩形導波管

であれば，この範囲の中央値は $3.9\,\mathrm{GHz}$ になるので，この値を (3.95), (3.96), (3.104) に代入して，位相速度，管内波長，特性インピーダンスがそれぞれ

$$v_p = \frac{c}{\sqrt{1-(\omega_c/\omega)^2}} = \frac{3\times 10^8}{\sqrt{1-(2.63/3.9)^2}} = 4.06\times 10^8 \quad [\mathrm{m/s}]$$

$$\lambda_g = \frac{v_p}{f} = \frac{4.06\times 10^8}{3.9\times 10^9} = 10.4 \quad [\mathrm{cm}]$$

$$Z_0 = \frac{j\omega\mu}{\gamma} = \frac{\omega\mu}{\beta} = v_p\mu = 4.06\times 10^8 \times 4\pi\times 10^{-7} = 510 \quad [\Omega]$$

と計算される．

3.3.6 円形導波管

ここまで見てきたような断面が矩形のもの以外に，通常のパイプ同様，断面が円形の導波管も存在する（図 3.16）．この方が機械的な強度は高いが，数学的な扱いは面倒になる．

円形断面の境界条件の下で微分方程式を解くには，一般に円柱座標系を用いるのが得策である．円柱座標系に直したヘルムホルツ方程式を解くと，ベッセル (**Bessel**) 関数形の解が得られる．解のいくつかについて，その概略を図 3.17 に示しておく．円形導波管の TE_{11} モード，TM_{01} モードは，矩形導波管の TE_{10} モード，TM_{11} モードにそれぞれ類似していることが見て取れよう．

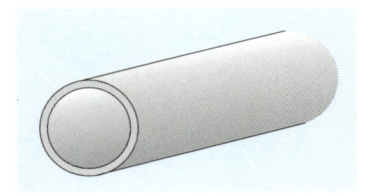

図 3.16 円形導波管

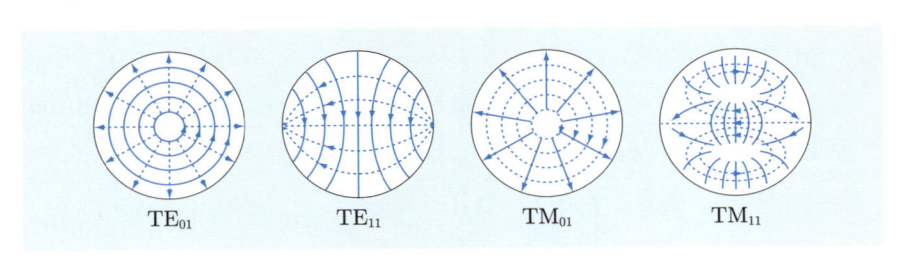

図 3.17 円形導波管内の電磁界の様子

3.4 同軸線路

同軸線路は，図 3.18 に示すように断面が円形の中心導体と，それを同心円上に囲む外部導体からなる線路であり，世の中で最も多用される高周波電磁界の伝送路と言うことができる．身の周りで普通に利用されている．

同軸線路は 2 導体からなるので，直流を伝えることができ，さらに 3.2.1 項で見た通り，TEM 波の伝搬も可能である．直流から高周波まで伝えられることが，同軸線路が多用される理由である．

内部導体の外径を $2a$（半径 a），外部導体の内径を $2b$（半径 b）として，同軸線路における電磁界の挙動を調べてみよう．

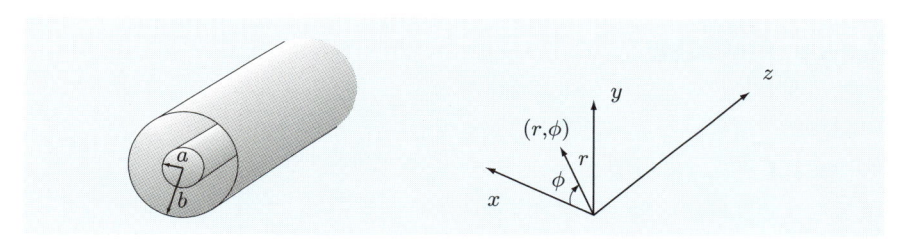

図 3.18 同軸線路と円柱座標系

3.4.1 TEMモード

図 3.5 の通り，同軸線路は TEM モードが存在し得る形態である．そこで (3.57) のラプラス方程式から解析を始めることにする．まず (3.57) を図 3.18 の円柱座標に直すと，

$$\frac{\partial^2 \psi}{\partial r^2} + \frac{1}{r}\frac{\partial \psi}{\partial r} + \frac{1}{r^2}\frac{\partial^2 \psi}{\partial \phi^2} = 0 \tag{3.105}$$

となる．今，関数 ψ が

$$\psi = R(r)\Phi(\phi) \tag{3.106}$$

と変数分離されると仮定し，(3.105) に代入すると，

$$\begin{cases} \dfrac{\mathrm{d}^2 R}{\mathrm{d}r^2} + \dfrac{1}{r}\dfrac{\mathrm{d}R}{\mathrm{d}r} - \dfrac{m^2}{r^2}R = 0 & (3.107) \\ \dfrac{\mathrm{d}^2 \Phi}{\mathrm{d}\phi^2} + m^2 \Phi = 0 & (3.108) \end{cases}$$

3.4 同軸線路

を得る. (3.108) の解は

$$\Phi = B_1 \cos(m\phi) + B_2 \sin(m\phi) \quad (B_1, B_2：積分定数) \tag{3.109}$$

である. しかし, ψ（電位）は半径 a, b の導体壁上で一定であるべきだから, $r = a, b$ で Φ も一定である. よって

$$m = 0, \qquad \Phi = B_1 = 定数 \tag{3.110}$$

この結果を (3.107) に入れると,

$$\frac{\mathrm{d}^2 R}{\mathrm{d}r^2} + \frac{1}{r}\frac{\mathrm{d}R}{\mathrm{d}r} = 0 \tag{3.111}$$

$\mathrm{d}R/\mathrm{d}r = T$ とおけば

$$\frac{\mathrm{d}T}{T} = \frac{-\mathrm{d}r}{r}$$
$$\to T = \frac{A_1}{r}$$
$$\to \frac{\mathrm{d}R}{\mathrm{d}r} = \frac{A_1}{r}$$
$$\to R = A_1 \cdot \ln r + A_2 \quad (A_1, A_2：積分定数) \tag{3.112}$$

$$\therefore \quad \psi = R\Phi = B_1(A_1 \ln r + A_2) \tag{3.113}$$

これより半径方向の電界は

$$E_r = -\frac{\mathrm{d}\psi}{\mathrm{d}r} = -A_1 B_1 \frac{1}{r}$$
$$= \frac{V_0}{r} \quad (V_0 \triangleq -A_1 B_1) \tag{3.114}$$

(3.58) より

$$H_\phi = \frac{1}{\zeta} E_r = \frac{1}{\zeta}\frac{V_0}{r} \tag{3.115}$$

その他の成分は

$$E_\phi = -\frac{\partial \psi}{r \partial \phi} = 0, \qquad H_r = -\frac{1}{\zeta} E_\phi = 0 \tag{3.116}$$

TEM 波なので，$E_z = H_z = 0$ である．とどのつまり，電磁界 6 成分のうち，4 成分は恒等的にゼロで，値を持つのは E_r と H_ϕ の 2 成分ということになる．得られた TEM 波の電磁界の様子を図 3.19 に示す．

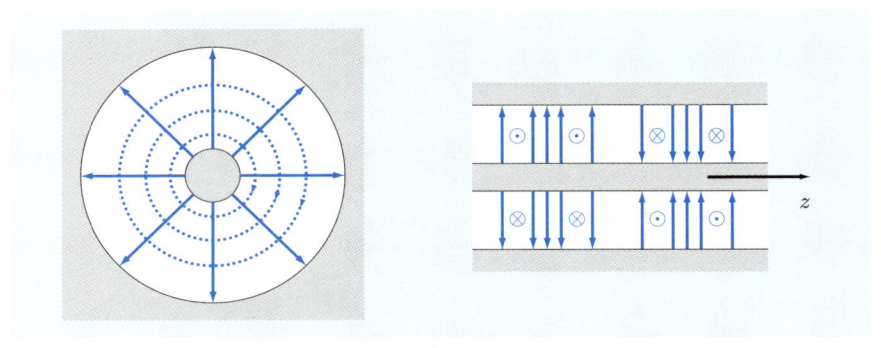

図 3.19 同軸線路上の TEM 波

次に，TEM 波の伝送電力を計算してみる．複素ポインティングベクトルの z 成分 S_z と円環の面積 $2\pi r dr$ の積を a から b まで積分することによって求められる：

$$\begin{aligned}
P &= \int_a^b \mathrm{Re} S_z \cdot 2\pi r \mathrm{d}r \\
&= \int_a^b \mathrm{Re} E_r H_\phi^* \cdot 2\pi r \mathrm{d}r \\
&= \int_a^b \frac{|V_0|^2}{\zeta} \frac{1}{r^2} 2\pi r \mathrm{d}r \\
&= \frac{2\pi}{\zeta} |V_0|^2 \int_a^b \frac{\mathrm{d}r}{r} \\
&= \frac{2\pi}{\zeta} |V_0|^2 \ln \frac{b}{a}
\end{aligned} \tag{3.117}$$

また電圧 V，電流 I も，次のようにして計算することができる：

$$\left.\begin{aligned}
V &= -\int_b^a E_r \mathrm{d}r = V_0 \ln \frac{b}{a} \\
I &= \int_0^{2\pi} [H_\phi]_{r=a} a \mathrm{d}\phi = \frac{2\pi}{\zeta} V_0
\end{aligned}\right\} \tag{3.118}$$

ここで，アンペールの法則 $I = \oint_C \boldsymbol{H} \cdot d\boldsymbol{s}$ を用いた．

TEM 波の特性インピーダンスは，

$$Z_0 = \frac{V}{I} = \frac{\zeta}{2\pi} \ln \frac{b}{a}$$
$$\cong \frac{138}{\sqrt{\varepsilon_r}} \log_{10} \frac{b}{a} \quad [\Omega] \tag{3.119}$$

で計算できる．ここに ε_r は，内部導体と外部導体の間の空間を満たしている絶縁体の比誘電率である．

3.4.2 TEモード（$E_z \equiv 0$）

$$r = a, b \text{ において} \quad E_\phi = 0 \tag{3.120}$$

という境界条件で，円柱座標に直した (3.50b) を解き，H_z が求まる．結果のみ示すと，

$$H_z = \{A_1 J_m(k_c r) + A_2 N_m(k_c r)\} B \cos(m\phi - \phi_0) \tag{3.121}$$

ただし，J_m はベッセル関数，N_m はノイマン（Neumann）関数である．境界条件 (3.120) を適用して A_1, A_2 を消去すると，k_c を定める特性方程式

$$J'_m(k_c a) N'_m(k_c b) - J'_m(k_c b) N'_m(k_c a) = 0 \tag{3.122}$$

（$'$ は $\frac{\partial}{\partial r}$ の意味）を得る．これは解析的には解けないが，最も小さい k_c は，次のように近似される：

$$k_c \cong \frac{2}{a+b} \tag{3.123}$$

これは矩形導波管における TE_{11} モードに対応する．このモードの遮断周波数は

$$f_c \stackrel{(3.87)}{=} \frac{\omega_c}{2\pi} = \frac{ck_c}{2\pi}$$
$$\cong \frac{c}{\pi} \cdot \frac{1}{a+b} \tag{3.124}$$

（$\lambda_c = 2\pi/k_c \cong \pi(a+b)$：内外導体の平均円周）

となる．従って，これより低い周波数の（内外導体の平均円周より長い波長の）電磁波を用いることにすれば，TEM 波だけが伝搬し，高次のモードは発生し

ない．同軸線路はそのような周波数範囲で使用するのが普通である．

3.4.3 TMモード（$H_z \equiv 0$）

(3.120) の境界条件のもとで円柱座標系の (3.50a) を解くことになる．(3.122) に対応する特性方程式は，

$$J_m(k_c a)N_m(k_c b) - J_m(k_c b)N_m(k_c a) = 0 \tag{3.125}$$

となり，これより k_c を定めることができる．

3.4.4 同軸線路の実際

同軸線路は主として，フレキシブルな**同軸コード**（**同軸ケーブル**）として用いられる．実際の構造を図 3.20 に示す．内部導体は，銅単線か複数の線をより合わせてできている．その周りを設計された厚さの絶縁体が覆っている．外部導体は，メッキした網線が用いられることが多い．同軸線路としての構造はこれだけで完結しているが，外側が導体むき出しだと他の配線に接触してショートする恐れがあるので，外部導体の外側をさらに絶縁体で被覆してあるのが普通である．同軸ケーブルの特性インピーダンスは，(3.119) で求めた通り，

$$Z_0 = \frac{1}{\sqrt{\varepsilon_r}} 138 \log \frac{b}{a} \quad [\Omega]$$

に従う．すなわち，内部導体の外径，外部導体の内径，および絶縁体の比誘電率で決まっている．例えば，後述表の $50\,\Omega$ 同軸ケーブル 5D-2V の場合，特性インピーダンスは $0.66 \times 138 \times \log \frac{4.8}{1.4} \cong 49\,[\Omega]$ と計算され，確かに特性インピーダンスが $50\,\Omega$ になるようできていることがわかる．

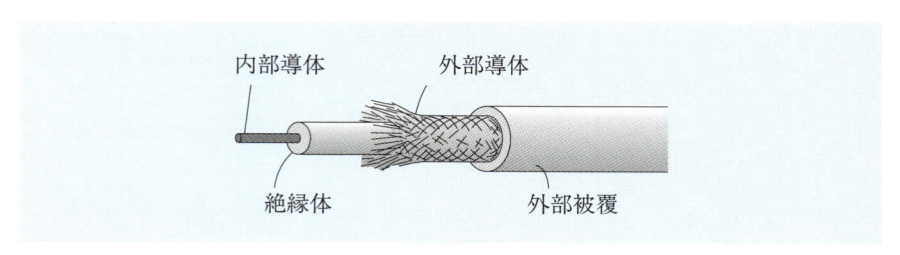

図 3.20 同軸ケーブルの構造

表 3.1 に，一般的に用いられている同軸コードの数例を，平衡型コードとの

表 3.1 同軸コードおよび平衡形コードの例

分類	名称	C [pF/m]	Z₀ [Ω]	α[dB/m] (MHz) 30	200	2000	1/√εᵣ [%]	内部導体 種類	外径 [mm]	絶縁体 種類	外径 [mm]	外部導体	外部被覆 種類	外径 [mm]
一般用	3C-2V	67	75	0.042	(10 MHz で)		66	単	0.5	PE	3.1	C	PVC	5.4
	5D-2V	100	50	0.027	(10 MHz で)		66	単	1.4	PE	4.8	C	PVC	7.3
耐熱用	RG-115/U	97	50	0.04	0.11	0.38	72	銀より	2.2	TEF	6.4	SS	G	9.5
高減衰用	RG-21A/U	95	53	0.25	0.68	2.15	67	抵抗線	1.3	PE	4.7	SS	PVC	8.4
低容量用	RG-62A/U	44	93	0.05	0.13	0.5	84	CW 単	0.6	PE	3.7	C	PVC	6.2
高インピーダンス	RG-65A/U	145	950	0.5(5 MHz で)			—	ホルマール	3.3	pE	7.2	C	PVC	10
衛星放送用	S-5C-FB	—	75	0.311	(1300 MHz で)		—	単	1.05	発泡 PE	5.0	AIT	PVC	7.7
平衡形	RG-57A/U	56	95	0.05	0.16	—	67	より	2.2	PE	12	T	PVC	16
コード	平形	14	300	0.02	0.06	—	84	より	1.0	PE リボン状絶縁 (10 × 2)				

内部導体：CW は銅覆鋼線．
絶縁体：PE はポリエチレン，TEF はテフロン．
外部導体：C は銅線1重編組，SS は銀めっき2重編組，AIT はアルミニウムはく張付けプラス
チックテープおよび銅線1重編組すずめっき，T はすずめっき1重編組．
外部被覆：PVC は塩化ビニル，G はガラス繊維編組．

対比で示しておく．これらは一般機器の内部配線，あるいは機器間の配線に広く利用されている．主なものに，JIS，JCS，NTT 仕様，米軍規格，IEC 規格の同軸コードがある．

前述の通り，内部導体には銅の単線またはより線，絶縁体には充実または半充実および発泡のポリエチレン (PE)，外部導体には 1 重または 2 重，ときには 3 重の銅編組，また外被には塩化ビニル (PVC) が用いられる．内外導体は，すずまたは銀でメッキされることもある．使用に際し，曲げ半径は自己径の 10 倍以上が望ましく，特にマイクロ波帯で用いるときは異常反射の有無の確認を要する．

例題 3.2

絶縁体がポリエチレン，内部導体の外径が 1 mm である同軸線路において，基本モードの特性インピーダンスを 100 Ω とするには，外部導体の内径をいくらにしたらよいか．

【解答】 (3.119) において，$a = 0.5\,[\text{mm}]$，$Z_0 = 100\,[\Omega]$，$1/\sqrt{\varepsilon_r} = 0.66$ とおいて，b を求めればよい：

$$100 = 138 \times 0.66 \times \log_{10} \frac{b}{0.5}$$
$$\to b = 6.3 \quad [\text{mm}]$$

よって，外部導体の内径（直径）としては 12.6 mm にすればよいことがわかる．

3.5 伝搬電磁波の一般的性質

導波管と同軸線路という，高周波伝送線路の 2 つの代表例を学んだところで，伝搬電磁波の一般的な性質について整理しておこう．以下では，線路は無損失 ($\alpha = 0$) と仮定する．

3.5.1 波数間の関係

導波モードは x, y, z 方向にそれぞれ波数 k_x, k_y, β を有し，それらのベクトル和が図 3.21 に示すように，その媒質中の平面波の波数 k になる．すなわち，

$$\overbrace{k_x^2 + k_y^2}^{k_c^2} + \beta^2 = k^2 \quad (3.126)$$

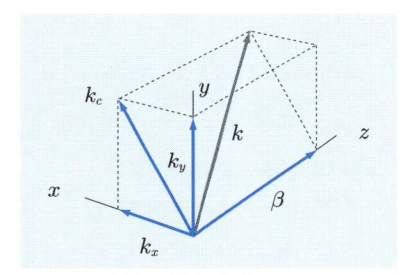

図 3.21 波数，位相定数のベクトル関係

ここで k の大きさは，前述の通り電磁波の角周波数 ω と，媒質の誘電率，透磁率で決まる．ω が低くなると，図 3.21 で k が小さくなり，一方 k_c は導波管の断面寸法等の幾何学的条件で固定されているので，β を小さくすることによって上の関係を満たそうとする．しかし，$k = k_c$ つまり $\beta = 0$ となると，それ以上 k が小さくなっても，もはや β で調節することができず，カットオフを迎える．

ここに示した波数と位相定数の間のベクトル関係は，ヘルムホルツ方程式の形に由来するものであって，おおよそ電磁波一般に適用される普遍的関係と言える．

3.5.2 基本特性量
位相定数

位相定数 β は，上記の通り，平面波の波数 k から x-y 平面（transverse 平面，伝搬方向に垂直な平面）内波数 k_c をベクトル的に差し引いて求まる：

$$\beta = \frac{2\pi}{\lambda_g} = \sqrt{k^2 - k_c^2} = \sqrt{\omega^2 \varepsilon \mu - k_c^2} \quad (3.127)$$

TEM 波では $k_c = 0$ のため，$\beta = k$ となる．一般に k_c は，境界条件から得ら

れる特性方程式を満たす解として，モード毎に定まる．

管内波長

管内波長 λ_g と位相定数 β は，2π を介して一対一に結びついている：

$$\lambda_g = \frac{2\pi}{\beta} = \frac{v_p}{f} = \frac{\lambda}{\sqrt{1-(\lambda/\lambda_c)^2}} \tag{3.128}$$

位相速度

位相速度 v_p は，電磁波の角周波数と位相定数の比として定義される：

$$v_p = \frac{\omega}{\beta} = \frac{k \cdot c}{\beta} = \frac{\lambda_g}{\lambda}c = \frac{c}{\sqrt{1-(\omega_c/\omega)^2}} = \frac{c}{\sqrt{1-(\lambda/\lambda_c)^2}} \tag{3.129}$$

遮断周波数・遮断波長

遮断周波数 f_c，遮断波長 λ_c は，x-y 平面内波数 k_c で定まり，k_c 自体は伝送線路の x-y 断面の幾何学形状で決まる．

$$\omega_c = ck_c, \qquad f_c = \frac{\omega_c}{2\pi}, \qquad \lambda_c = \frac{2\pi}{k_c} \tag{3.130}$$

特性インピーダンス

特性インピーダンスは，x-y 平面（transverse 平面）内の電界と磁界の比として定まる．

$$\left.\begin{array}{l} \text{TE 波：} \quad Z_H = \dfrac{\omega\mu}{\beta} = \dfrac{\lambda_g}{\lambda}\zeta \\[2mm] \text{TM 波：} \quad Z_E = \dfrac{\beta}{\omega\varepsilon} = \dfrac{\lambda}{\lambda_g}\zeta \end{array}\right\} \tag{3.131}$$

ここに ζ は，(3.32) の平面波の電波インピーダンスである．式中 2 番目の等号は，次の関係を考慮すれば理解されよう：

$$\lambda_g = \frac{2\pi}{\beta}, \qquad \lambda = \frac{2\pi}{k}, \qquad k = \omega\sqrt{\varepsilon\mu}, \qquad \zeta = \sqrt{\frac{\mu}{\varepsilon}}$$

TEM 波については，$\lambda_g = \lambda$ であることから，

$$\text{TEM 波：} \quad Z_0 = \zeta = \sqrt{\frac{\mu}{\varepsilon}} \tag{3.132}$$

3.5.3 エネルギー伝送速度

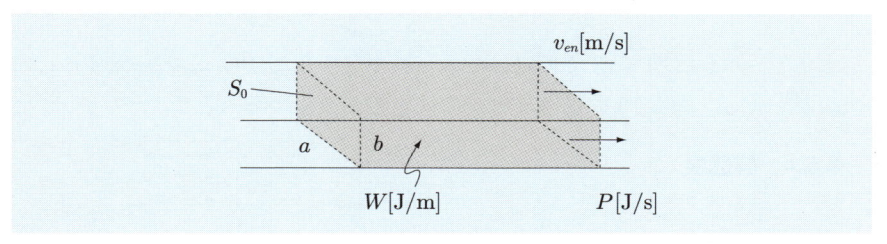

図 3.22 矩形導波管中のエネルギー伝送

電磁界の存在する空間（体積 V）に蓄えられているエネルギーは一般に，

$$\frac{1}{2}\int_V (\varepsilon|\boldsymbol{E}|^2 + \mu|\boldsymbol{H}|^2)\mathrm{d}V \tag{3.133}$$

である．従って導波管の単位長さあたりに存在するエネルギー W は，S_0 を導波管断面積として，

$$W = \frac{1}{2}\int_{S_0} (\varepsilon|\boldsymbol{E}|^2 + \mu|\boldsymbol{H}|^2)\mathrm{d}S \tag{3.134}$$

の面積積分で求めることができる．具体例として $S_0 = a \cdot b$ の矩形導波管の TE_{10} モードを考えると，上式に (3.79) を代入して，

$$\begin{aligned}W &= \frac{1}{2}\int_0^a \mathrm{d}x \int_0^b \mathrm{d}y \cdot \varepsilon \left(\frac{\omega\mu a}{\pi}\right)^2 |H_{10}|^2 \sin^2 \frac{\pi x}{a} \\ &\quad + \frac{1}{2}\int_0^a \mathrm{d}x \int_0^b \mathrm{d}y \cdot \mu \left\{|H_{10}|^2 \cos^2 \frac{\pi x}{a} + \left(\frac{\beta a}{\pi}\right)^2 |H_{10}|^2 \sin^2 \frac{\pi x}{a}\right\} \\ &= \frac{\omega^2 \varepsilon \mu^2 a^3 b}{2\pi^2}|H_{10}|^2\end{aligned} \tag{3.135}$$

を得る．一方，エネルギーの伝搬速度 v_{en} [m/s] と，導波管の伝送電力 P [J/s], 単位長さあたりのエネルギー W [J/m] の間には，

$$W \cdot v_{en} = P \tag{3.136}$$

の関係があるから，P を表す (3.98) と W を表す (3.135) を用いれば v_{en} が，

$$v_{en} = \frac{P}{W} = \frac{\frac{\beta\omega\mu a^3 b}{2\pi^2}|H_{10}|^2}{\frac{\omega^2\varepsilon\mu^2 a^3 b}{2\pi^2}|H_{10}|^2} = \frac{\beta}{\omega\varepsilon\mu} = \frac{\beta}{\omega}c^2 = c\frac{\beta}{k} \tag{3.137}$$

と求まる．これは図 3.13 で仮定したエネルギーの伝搬速度 v_z と一致する．このことからも，図 3.13 の伝搬モデルの妥当性が確かめられる．

3.5.4 群速度

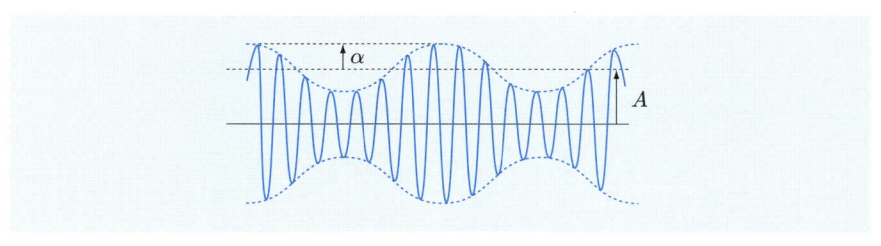

図 3.23 AM 波

エネルギーの伝搬速度をより一般的に考察してみよう．そのために，図 3.23 に示す**振幅変調波**（amplitude modulation wave，**AM 波**）を考える．AM 波は，搬送波と呼ぶ高い周波数の波動の振幅を，より低い周波数の変調波で変化させたものである．例えば AM ラジオ放送では，1 MHz 程度の搬送波を数 kHz の音声振動で変調している．

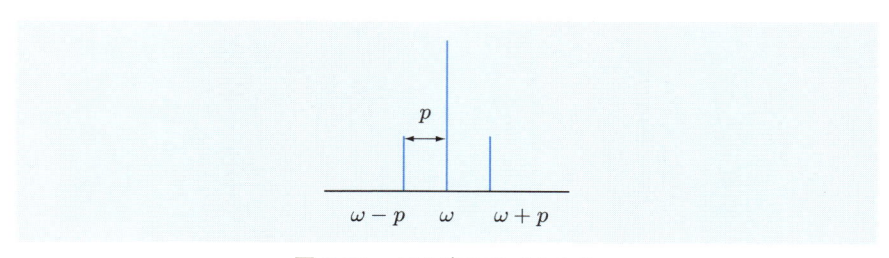

図 3.24 AM 波のスペクトル

搬送波の角周波数と振幅を ω, A，変調波の角周波数と振幅を p, α とすると，AM 波は

$$f(t) = A(1 + \alpha\sin pt)\sin\omega t \tag{3.138}$$

と表せる．三角関数の公式で上式を書き換えると

3.5 伝搬電磁波の一般的性質

$$f(t) = A\sin\omega t + \frac{1}{2}A\alpha\{\cos(\omega - p)t - \cos(\omega + p)t\} \tag{3.139}$$

となる．振幅変調の結果，ω の両脇に $\omega + p$ と $\omega - p$ の周波数成分が生じる（図3.24）．一般に位相定数 β は ω の関数であるが，通常 $p \ll \omega$ なので，

$$\begin{cases} \omega \text{に対して} \beta \\ \omega - p \text{に対して} \beta - \delta \\ \omega + p \text{に対して} \beta + \delta \end{cases} \quad (\delta \ll \beta)$$

のように，ω の近傍で β を線形近似することにする．上記の $f(t)$ は $z = 0$ における励振波と考えられるので，そこから z だけ離れた点の $f(t, z)$ は，

$$\begin{aligned} f(t, z) &= A\sin(\omega t - \beta z) + \frac{1}{2}A\alpha\{\cos\{(\omega - p)t - (\beta - \delta)z\} \\ &\quad - \cos\{(\omega + p)t - (\beta + \delta)z\}\} \\ &= A\sin(\omega t - \beta z) + A\alpha\sin(\omega t - \beta z)\sin(pt - \delta z) \\ &= A\{1 + \alpha\sin(pt - \delta z)\}\sin(\omega t - \beta z) \end{aligned} \tag{3.140}$$

と書くことができる．搬送波の速度は，$\omega t - \beta z = \theta$ （一定値）の座標 $z = (\omega t - \theta)/\beta$ が移動する速さだから，

$$\frac{dz}{dt} = \frac{\omega}{\beta} \tag{3.141}$$

となって，これはとりも直さず位相速度 v_p (3.95) である．一方，変調波（包絡線）の速度を v_g とすると，それは $pt - \delta z = $ 一定値 の場所の移動速度だから，上と同様に

$$v_g = \frac{d}{dt}\left(\frac{pt - \text{定数}}{\delta}\right) = \frac{p}{\delta} \xrightarrow[p/\omega \to 0]{} \frac{d\omega}{d\beta} = \left(\frac{d\beta}{d\omega}\right)^{-1} \tag{3.142}$$

と求められる．この包絡線の速度 v_g を**群速度**と呼ぶ．位相速度が ω と β のダイレクトな比であるのに対し，群速度は $d\omega$ と $d\beta$ の比（すなわち β の ω 微分の逆数）であることに注意して欲しい．

導波管の場合の群速度を計算してみると，(3.127) を (3.142) に代入することにより

$$v_g = \left(\frac{\mathrm{d}\sqrt{\omega^2\mu\varepsilon - k_c^2}}{\mathrm{d}\omega}\right)^{-1} = \frac{\sqrt{\omega^2\mu\varepsilon - k_c^2}}{\omega\mu\varepsilon} = \frac{\beta}{\omega\varepsilon\mu} = \frac{c\beta}{k} \qquad (3.143)$$

と求まる．これは，(3.137) で求めたエネルギーの伝送速度に一致する．このことから，エネルギーは搬送波に包絡線の形で担がれて運ばれているのではないか，という仮説が立てられる．

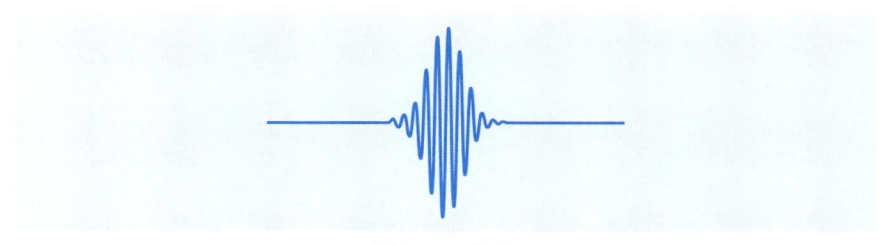

図 3.25 波束

実際，電磁波を細かく割ってゆくと，最後には**光子**（photon）と呼ばれるエネルギー量子に行き着く．光子の実態は (プランク定数 × 振動数) のエネルギーを持つ**波束**（wave packet，図 3.25）である．ミクロに見れば，「電磁波のエネルギーは波束によって運ばれている」わけである．包絡線の速度（群速度）はまさに波束の速度であって，従って，エネルギー伝送速度に対応している．

(3.143) を (3.141) と掛けることにより

$$v_p \cdot v_g = \frac{\omega}{\beta} \cdot c\frac{\beta}{k} = c^2 \qquad (3.144)$$

なる関係のあることもわかる．平面波および TEM 波では $\beta = k$ なので，

$$v_g = v_p = c \qquad (3.145)$$

すなわち群速度も位相速度も同じで，媒質中の光速に一致する．

3.5.5 分散曲線

ω の関数である位相定数 $\beta(\omega)$ を ω に対してプロットした図を，「ω-β ダイアグラム」または単に**分散曲線**と称する．ω が独立変数，$\beta(\omega)$ が従属変数なので，本来は ω を横軸，$\beta(\omega)$ を縦軸にとるべきであるが，慣習として ω を縦軸にとる．周波数には負値はないので，分散曲線は上側半平面の図になる（図 3.26）．

3.5　伝搬電磁波の一般的性質

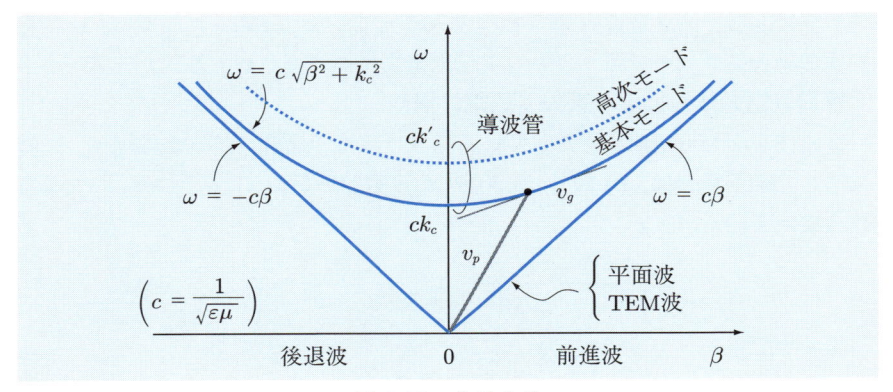

図3.26　分散曲線

$\beta > 0$ の領域では，ω/β が正になるので，速度が正になる．すなわち前進波の領域である．逆に $\beta < 0$ の領域では速度も負になるので，後退波の領域と言うことができる．

図3.26には，例として矩形導波管の ω と β の関係と，平面波およびTEM波のそれをプロットしてある．平面波およびTEM波では ω と β の関係は光速 c を傾きとする直線になる．導波管の場合には，ω と β の関係は双曲線になる．平面波，TEM波の ω-β 直線を漸近線とし，遮断角周波数 ck_c で ω 軸を横切る．導波管の場合，ck_c 以上の ω では β が定まるが，ck_c 以下では β が定まらない．すなわち，分散曲線の存在しない領域は電磁波が遮断されている領域である．その境界が遮断周波数 $\omega_c = ck_c$ に対応している．

分散曲線上の一点と原点とを結んだ直線の傾き (ω/β) は，位相速度 v_p を与える．一方，その点の微分係数（接線の傾き，$\mathrm{d}\omega/\mathrm{d}\beta$）は，群速度 v_g を与える．

このように分散曲線からは，遮断周波数や位相速度，群速度といった波動の主要な特性量が読み取れるため，波動の問題を考える際に便利かつ重要である．ちなみに，電磁波ではなく**電子波**について分散曲線を描いた図が**バンド図**と呼ばれるものである．バンド図では ω はエネルギー，β は運動量として表されているが，基本的に同一概念と思ってよい．

3.5.6　伝送損失

ここまでの議論では，伝搬定数 γ を構成する要素のうち位相定数 β ばかりに

フォーカスし，減衰定数 α のことは余り考えてこなかった．本節では，α が存在する場合にクローズアップされる伝送損失について考察する．

媒質（誘電体）による損失（誘電体損）

電磁波が伝わる空間を満たしている媒質（多くの場合，空気か絶縁体）に導電率 σ がある場合は，(3.17), (3.20) 等から明らかなように，$\varepsilon \to \varepsilon - j\frac{\sigma}{\omega}$ なる置き換えを行えばよい．

$$\begin{aligned}\gamma = \alpha + j\beta &= \sqrt{k_c^2 - \omega^2(\varepsilon - j\sigma\omega)\mu} = \sqrt{k_c^2 - \omega^2\varepsilon\mu}\left(1 + j\frac{\omega\sigma\mu}{k_c^2 - \omega^2\varepsilon\mu}\right)^{\frac{1}{2}} \\ &\stackrel{\sigma\text{小}}{\cong} -j\sqrt{\omega^2\varepsilon\mu - k_c^2}\left(1 + \frac{j}{2}\frac{\omega\sigma\mu}{k_c^2 - \omega^2\varepsilon\mu}\right) \\ &= \frac{\omega\mu\sigma}{2\sqrt{\omega^2\varepsilon\mu - kc^2}} + j\sqrt{\omega^2\varepsilon\mu - k_c^2}\end{aligned} \tag{3.146}$$

従って，

$$\begin{cases}\beta = \sqrt{\omega^2\varepsilon\mu - k_c^2} \quad \cdots \text{無損失の場合と同じ} \\ \alpha = \frac{\omega\mu\sigma}{2\beta}\end{cases} \tag{3.147}$$

となる．電磁波はこの α に従って，z 方向に伝搬するにつれ指数関数的に減衰することになる．ただし，上記の通り媒質は普通空気か絶縁体なので，σ はあったとしても極めて小さく．次に述べる導体による伝送損失と比較するとマイナーである．

管壁（導体）による損失（導体損）

導波管の管壁表面には，その直上に存在する磁界に対応する表面電流が流れている．この電流は，表皮深さ程度のごく表層にしか流れず，管壁が導体であっても無視できない抵抗（**表皮抵抗**）を感じている．この表面電流が，表皮抵抗を介してジュール熱を発生しており，電磁波からエネルギーを奪う要因になる．

これによる単位長さあたりの損失 L は，管壁の磁界の接線成分 $H_{\tan}$ を用いると，

$$L = R_s \oint_S |H_{\tan}|^2 ds \tag{3.148}$$

と表される．積分は，導波管断面の内側管壁に沿って一周する線積分である．ま

た R_s は表皮抵抗で，

$$R_s \triangleq \sqrt{\frac{\omega\mu}{2\sigma}} = \frac{1}{\delta\sigma} \quad (\delta \text{は表皮深さ}) \tag{3.149}$$

のようにして与えられる．

一方，導波管の伝送電力を P とすると，z 方向に減衰定数 α があるときには，$P \times e^{-2\alpha z}$ に従って減衰することになる．2α となるのは，電力が振幅の2乗に比例するからである．よって単位長さあたりの電力損失 L は，

$$L = -\frac{\partial P}{\partial z} = 2\alpha P \tag{3.150}$$

のように書ける．

(3.148)，(3.150) から L を消去すると，管壁でのジュール損に起因する α は

$$\alpha = R_s \oint_S |H_{\tan}|^2 ds \Big/ 2P \tag{3.151}$$

と表すことができる．

今，損失はそれほど大きくないとして，前に求めた無損失の場合の矩形導波管 TE_{10} モードの解を流用して (3.151) を計算すると，

$$\alpha = \frac{R_s}{\zeta b} \cdot \frac{1 + \frac{2b}{a}\left(\frac{\lambda}{2a}\right)^2}{\sqrt{1 - \left(\frac{\lambda}{2a}\right)^2}} \tag{3.152}$$

となる．これが TE_{10} モードの受ける，導体損失に起因する α ということになる．(3.147) の（誘電体損による）α と比較すると，普通は (3.152) の方が何倍も大きい．

他方，(3.147) の α も，(3.152) の α も，式の形から遮断周波数近傍 ($x \to 2a$, $\beta \to 0$) で増大することがわかる．これは，図 3.12 を思い起こせば半ば当然の結果で，つまり遮断周波数に近づけば，同じ距離 z 伝搬するのに要する経路が長くなり，その分だけ多く損失を受けることになるからである．

モードの直交性

ここまでに，伝送線路は一般に複数のモードを持つことを学んできた．これらのモードは互いに「透明」で，同一の線路上に複数同時に存在できる．他の

モードに全く影響を受けず，独立にエネルギーや情報を伝送する．このことを「モードは互いに直交している」と称する．伝送線路上のモードが互いに直交することを厳密に証明することは容易ではないので，ここでは**モードの直交性**（orthogonality）を簡便に理解する1つの方法のみを示しておこう．

以下では，モードの直交性を示すのに，各モードがそれぞれ独立に電力を伝えている（二人三脚的に運ぶ電力はない）ことを示さんとする．伝送線路上で $+z$ 方向に伝送される電力は，(3.44) より

$$P = \mathrm{Re} \int_S \boldsymbol{k} \cdot (\boldsymbol{E} \times \boldsymbol{H}^*) \mathrm{d}S \quad (\boldsymbol{k}：z \text{方向単位ベクトル}) \tag{3.153}$$

と表される．(3.61) にならって電界，磁界を transverse 成分と進行方向成分に分けて表すと

$$\begin{aligned}\boldsymbol{E} &= \boldsymbol{i}E_x + \boldsymbol{j}E_y + \boldsymbol{k}E_z = \boldsymbol{E}_t + \boldsymbol{k}E_z \\ \boldsymbol{H} &= \boldsymbol{i}H_x + \boldsymbol{j}H_y + \boldsymbol{k}H_z = \boldsymbol{H}_t + \boldsymbol{k}H_z\end{aligned} \tag{3.154}$$

となる．これらを (3.153) に代入すると

$$\boldsymbol{k} \cdot (\boldsymbol{E} \times \boldsymbol{H}^*)$$
$$= \boldsymbol{k} \cdot (\boldsymbol{E}_t \times \boldsymbol{H}_t^* + E_z \boldsymbol{k} \times \boldsymbol{H}_t^* + H_z^* \boldsymbol{E}_t \times \boldsymbol{k} + E_z H_z^* \boldsymbol{k} \times \boldsymbol{k}) = \boldsymbol{k} \cdot (\boldsymbol{E}_t \times \boldsymbol{H}_t^*)$$

となるので

$$P = \mathrm{Re} \int_S \boldsymbol{k} \cdot (\boldsymbol{E}_t \times \boldsymbol{H}_t^*) \mathrm{d}S \tag{3.155}$$

を得る（伝送電力の一般的表記）．

さてここで，伝送路の p 番目と q 番目の2つのモードに着目し，その和としての電磁界横成分を

$$\boldsymbol{E}_t = \boldsymbol{E}_{tp} + \boldsymbol{E}_{tq}, \qquad \boldsymbol{H}_t = \boldsymbol{H}_{tp} + \boldsymbol{H}_{tq} \tag{3.156}$$

とおいて (3.155) に代入すると，

$$\begin{aligned}P =& \mathrm{Re} \int_S \boldsymbol{k} \cdot (\boldsymbol{E}_{tp} \times \boldsymbol{H}_{tp}^*) \mathrm{d}S + \mathrm{Re} \int_S \boldsymbol{k} \cdot (\boldsymbol{E}_{tq} \times \boldsymbol{H}_{tq}^*) \mathrm{d}S \\ &+ \mathrm{Re} \int_S \boldsymbol{k} \cdot (\boldsymbol{E}_{tp} \times \boldsymbol{H}_{tq}^* + \boldsymbol{E}_{tq} \times \boldsymbol{H}_{tp}^*) \mathrm{d}S\end{aligned} \tag{3.157}$$

3.5 伝搬電磁波の一般的性質

を得る．第1項はモード p が運ぶ電力，第2項はモード q が運ぶ電力であり，第3項がモード p と q が「二人三脚」で運ぶ電力に相当する．第3項がもしゼロならば，各モードは独立に電力を伝送すると言える．

このことを示すために，上と全く独立に次の量を計算してみる（$\sigma = 0$ と仮定）：

$$\nabla \cdot (\boldsymbol{E}_p \times \boldsymbol{H}_q^* + \boldsymbol{E}_q \times \boldsymbol{H}_p^*)$$
$$= \boldsymbol{H}_q^* \cdot \underbrace{\nabla \times \boldsymbol{E}_p}_{-j\omega\mu \boldsymbol{H}_p} - \boldsymbol{E}_p \cdot \underbrace{\nabla \times \boldsymbol{H}_q^*}_{j\omega\varepsilon \boldsymbol{E}_q^*} + \boldsymbol{H}_p^* \cdot \underbrace{\nabla \times \boldsymbol{E}_q}_{-j\omega\mu \boldsymbol{H}_q} - \boldsymbol{E}_q \cdot \underbrace{\nabla \times \boldsymbol{H}_p^*}_{j\omega\varepsilon \boldsymbol{E}_p^*}$$
$$= -j\omega\varepsilon \underbrace{(\boldsymbol{E}_p \cdot \boldsymbol{E}_q^* + \boldsymbol{E}_p^* \cdot \boldsymbol{E}_q)}_{\text{実数}} - j\omega\mu \underbrace{(\boldsymbol{H}_p \cdot \boldsymbol{H}_q^* + \boldsymbol{H}_p^* \cdot \boldsymbol{H}_q)}_{\text{実数}}$$
$$= \text{純虚数} \tag{3.158}$$

$$\therefore \quad \mathrm{Re}\,\mathrm{div}(\boldsymbol{E}_p \times \boldsymbol{H}_q^* + \boldsymbol{E}_q \times \boldsymbol{H}_p^*) = 0 \tag{3.159}$$

これより

$$\mathrm{Re}\int_V \mathrm{div}(\boldsymbol{E}_p \times \boldsymbol{H}_q^* + \boldsymbol{E}_q \times \boldsymbol{H}_p^*)\mathrm{d}V$$
$$= \mathrm{Re}\int_S (\boldsymbol{E}_p \times \boldsymbol{H}_q^* + \boldsymbol{E}_q \times \boldsymbol{H}_p^*) \cdot \mathrm{d}\boldsymbol{S} = 0 \tag{3.160}$$

が言える．ここで，体積積分を面積分に変換するのに「ガウスの定理」を用いた．

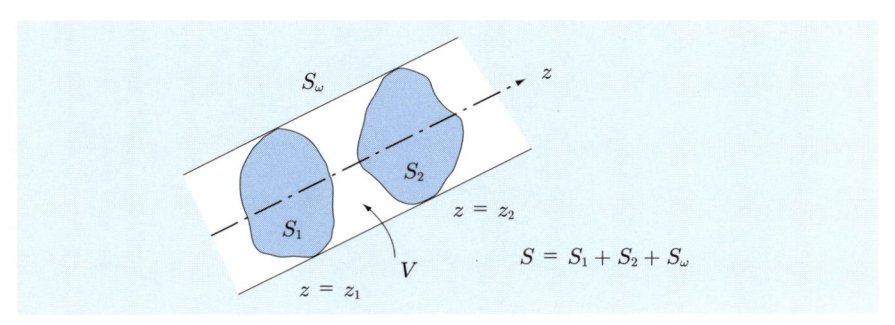

図 3.27 伝搬モードが存在する空間

電力は放射によって失われることなく，z 方向のみに運ばれるとすると，(3.160) の面積分は S_1 と S_2 だけについて行えばよく（図 3.27 参照），

$$-\mathrm{Re}\int_{S_1} \boldsymbol{k}\cdot(\boldsymbol{E}_{tp}\times \boldsymbol{H}_{tq}^* + \boldsymbol{E}_{tq}\times \boldsymbol{H}_{tp}^*)\mathrm{d}S$$

$$+\mathrm{Re}\int_{S_2} \boldsymbol{k}\cdot(\boldsymbol{E}_{tp}\times \boldsymbol{H}_{tq}^* + \boldsymbol{E}_{tq}\times \boldsymbol{H}_{tp}^*)\mathrm{d}S = 0 \quad (3.161)$$

となる.モード p, q が異なる位相定数 β_p, β_q を有すれば被積分項の $\boldsymbol{E}_{tp}\times \boldsymbol{H}_{tq}^*$, $\boldsymbol{E}_{tq}\times \boldsymbol{H}_{tp}^*$ は各々,$e^{j\beta_p z}e^{-j\beta_q z} = e^{j(\beta_p-\beta_q)z}$,$e^{j\beta_q z}e^{-j\beta_p z} = e^{-j(\beta_p-\beta_q)z}$ なる因子を含む.つまり $\int_{S_1}$ は z_1 の関数,$\int_{S_2}$ は z_2 の関数となるが,任意の z_1,z_2 に対し (3.161) が成立しなければならないので $\mathrm{Re}\int_{S_1}$ と $\mathrm{Re}\int_{S_2}$ はそれぞれゼロでなくてはならない.つまり

$$\mathrm{Re}\int_S \boldsymbol{k}\cdot(\boldsymbol{E}_{tp}\times \boldsymbol{H}_{tq}^* + \boldsymbol{E}_{tq}\times \boldsymbol{H}_{tp}^*)\mathrm{d}S \equiv 0 \quad (3.162)$$

従って,(3.157) の第 3 項は恒等的にゼロであることが示される.すなわち「各モードは独立に電磁エネルギーを伝送する」.

ただし,$\beta_p = \beta_q$ のとき(縮退するとき)は,上記の限りではない.実際,位相定数が一致する場合には,モード同士がエネルギーのやりとりを始めることがある(モード結合).これについては,次章の最後に学ぶことにする.

3.6　レッヘル線

電磁波の一般的な性質を整理したところで，再び伝送線路の各論に戻ろう．ここで学ぶ**レッヘル線**（Lecher line）は，半径 a の導体が 2 本，距離 d だけ離れて配置された構造をしている（図 3.28）．平行 2 導体線路の 1 つである．

レッヘル線は，以前はアナログテレビの VHF および UHF 室内アンテナとテレビ本体を結ぶフィーダ線[*] として，よく目にすることがあった．テレビ受像機等に用いられた小電力用は，特性インピーダンスが 300 Ω，送信所等で用いられる大電力用は，特性インピーダンスが 600 Ω になるようできている．

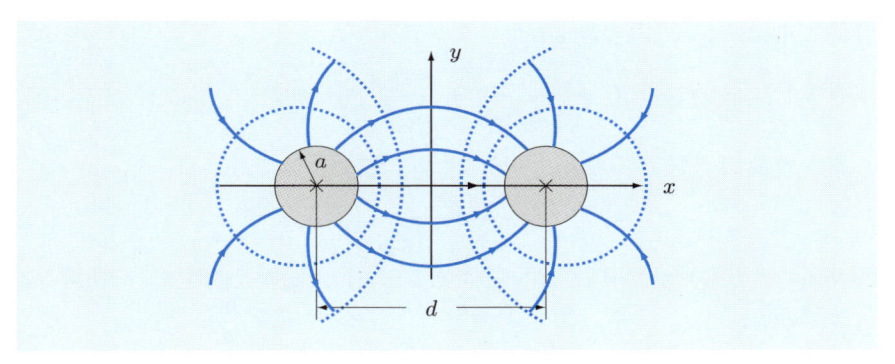

図 3.28　レッヘル線の断面構造

さて，レッヘル線は 2 導体からなるため，TEM 波が存在し得る形態である．ラプラスの方程式を導体表面で $E_{\tan} = 0$ の境界条件で解くと，図 3.28 に示すような解が得られる．図で破線はポテンシャルに対応し，「アポロニウスの円群」として知られている．

本書では，簡単のため，静電容量とインダクタンスから必要な線路定数のみを導くことにする．

静電容量

図 3.29 の点 P における電界は，導体#1 によるものと導体#2 によるものの和である．

---

[*] アンテナ給電線．feed line.

120 第3章 高周波伝送線路

$$\begin{cases} \text{導体\#1による電界} \cong \dfrac{Q}{2\pi\varepsilon_0 x} \\ \text{導体\#2による電界} \cong \dfrac{Q}{2\pi\varepsilon_0 (d-x)} \end{cases}$$

従って電界は

$$E \cong \frac{Q}{2\pi\varepsilon_0}\left(\frac{1}{x}+\frac{1}{d-x}\right) \tag{3.163}$$

よって電位差は

$$V \cong \int_a^{d-a} \frac{Q}{2\pi\varepsilon_0}\left(\frac{1}{x}+\frac{1}{d-x}\right)\mathrm{d}x = \frac{Q}{\pi\varepsilon_0}\log\frac{d-a}{a} \tag{3.164}$$

よって単位長さあたりの静電容量は

$$C = \frac{\pi\varepsilon_0}{\log\frac{d-a}{a}} \cong \frac{\pi\varepsilon_0}{\log\frac{d}{a}} \quad (d \gg a) \tag{3.165}$$

静電容量 C の厳密解は

$$\frac{\pi\varepsilon_0}{\cosh^{-1}\left(\frac{d}{2a}\right)}$$

であることが知られている．$d \gg a$ である限り，上記の近似解は十分使えることがわかる．

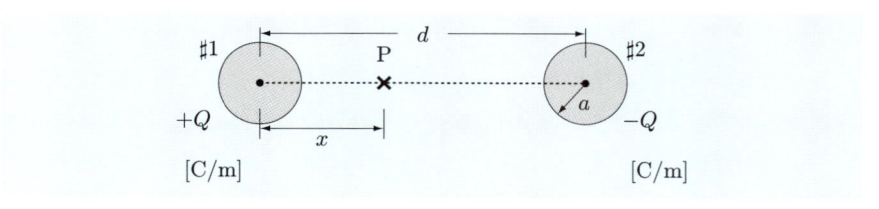

図 3.29 レッヘル線の静電気学的モデル

インダクタンス

点 P における導体#1 による磁界と導体#2 による磁界はそれぞれ，

$$\begin{cases} \text{導体\#1による磁界} \cong \dfrac{I}{2\pi x} \\ \text{導体\#2による磁界} \cong \dfrac{I}{2\pi(d-x)} \end{cases}$$

である．よって，単位長さあたりの鎖交フラックス Φ は

3.6 レッヘル線

$$\Phi = \mu_0 \int_a^{d-a} \frac{I}{2\pi}\left(\frac{1}{x}+\frac{1}{d-x}\right)\mathrm{d}x = \frac{\mu_0 I}{\pi}\log\frac{d-a}{a} \tag{3.166}$$

従って単位長さあたりのインダクタンス L は

$$L = \frac{\Phi}{I} = \frac{\mu_0}{\pi}\log\frac{d}{a} \quad (d \gg a) \tag{3.167}$$

インダクタンス L の厳密解は

$$\frac{\mu_0}{\pi}\cosh^{-1}\frac{d}{2a}$$

であるので，やはり上記の近似解は十分よいと言える．

さて以上より，単位長さあたりの C と L が求まったので，(2.21)，(2.9) を用いて，

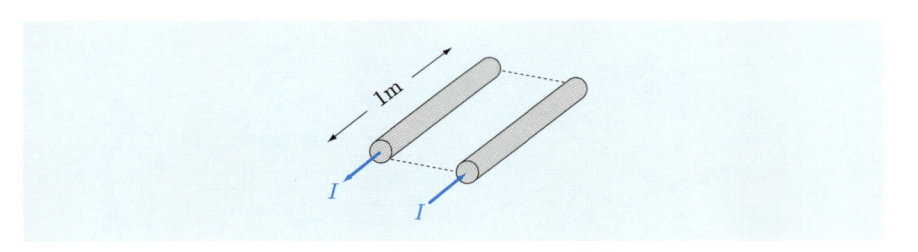

図 3.30 鎖交フラックスの計算

$$\begin{cases} Z_0 = \sqrt{\dfrac{L}{C}} = \sqrt{\dfrac{\mu_0}{\varepsilon_0}}\dfrac{1}{\pi}\log\dfrac{d}{a} \cong 120\log\dfrac{d}{a} & (3.168) \\ \beta = \omega\sqrt{LC} = \omega\sqrt{\varepsilon_0\mu_0} = k & (3.169) \end{cases}$$

のように特性インピーダンスと位相定数が求まる．TEM 波であるから β が k に一致するのは当然の結果と言えよう．

以上より，$Z_0 = 300\,[\Omega]$ とするには，$d/a \sim 12$，$Z_0 = 600\,[\Omega]$ とするには，$d/a \sim 150$ と選ぶ必要のあることがわかる．導線の半径に比べて間隔を 12 倍，あるいは 150 倍にするのであるから，ずいぶんと平たい線路になることが理解されよう．実際，$Z_0 = 300\,[\Omega]$ のフィーダ線は，プラスチック製の「きしめん」のように見える．

3.7 マイクロストリップ線路

ストリップ線路は，図 3.31 に示す構造の線路で，プリント板に似た形態をしている．従って，小型電子回路，電子機器との親和性がよく，マイクロ波集積回路（MIC）でもよく用いられている．現代においては，同軸線路と並んで多用される高周波線路と言えよう．小型機器の内部で使われるためそれ自体微小であり，「マイクロストリップライン」とも呼ばれている．

ストリップ線路は 2 導体からなるため，TEM 波が存在する[*]．従って解析は，境界条件を満たすようにラプラスの方程式を解くことに帰着される．解析には等角写像法を用いるのが一般的であるが，実際に行うのは手間がかかる．そこで，計算機を用いた数値解法がよく用いられている．

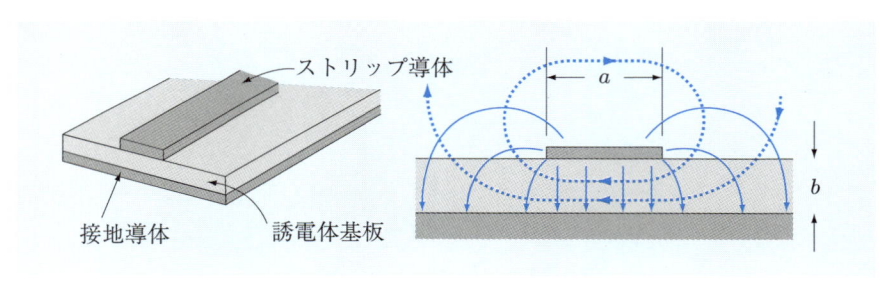

図 3.31 ストリップ線路の構造

3.7.1 線路パラメータの求め方

誘電体のない場合のマイクロストリップ線路の特性インピーダンスは，ストリップ導体の厚さを無視すると，近似的に次のようになることが知られている：

$$Z_0 = \zeta_0 \left[\frac{a}{b} + \frac{2}{\pi} \left\{ 1 + \log\left(1 + \frac{\pi a}{2b}\right) \right\} \right]^{-1} \quad (a \gg b,\ \zeta_0 = \sqrt{\frac{\mu_0}{\varepsilon_0}}) \quad (3.170)$$

TEM 波なので，β は当然 $\omega\sqrt{\varepsilon_0\mu_0} = k$ である．

一方，誘電体がある場合（その方が普通）は，次のような便法がとられる．一

---

[*] ε がもはや面内で定数ではなく，空気と誘電体という誘電率の異なる媒質中の伝搬になるので，厳密には TEM でも TE でも TM でもない混成モード HE（TE-like）または EH（TM-like）になる．

3.7 マイクロストリップ線路

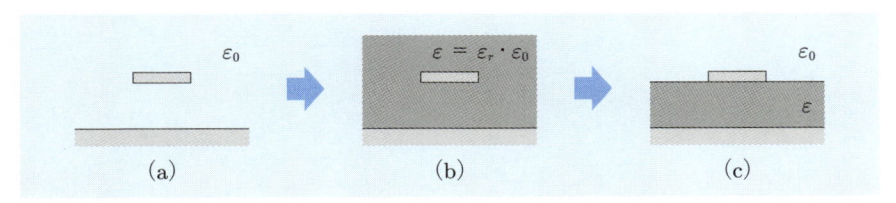

図 3.32 媒質が空気 (a)，誘電体 (b)，空気／誘電体混成 (c) の場合

一般に，誘電体によって分布容量が増加するが，その誘電体が全空間に一様に存在すれば（図 3.32(b)），容量は $\varepsilon_r = \varepsilon/\varepsilon_0$ 倍だけ増加し，特性インピーダンスは，(3.170) 式の $1/\sqrt{\varepsilon_r}$ 倍となる．

しかし，誘電体が局部的に満たされている場合（図 (c)）は，誘電体のある場合 (b) とない場合 (a) の中間となるはずである．これを実効（比）誘電率 ε_{eff} （$1 < \varepsilon_{\text{eff}} < \varepsilon_r$）で表す．

種々の誘電体の配置方法に対して ε_{eff} を（数値解析により）求めておけば，他の線路パラメータは，基準マイクロストリップ線路表現式（例えば (3.170)）中の ε_r のところに ε_{eff} を代入するだけで求められる．

$$\begin{cases} \text{特性インピーダンスは} & \dfrac{1}{\sqrt{\varepsilon_{\text{eff}}}} \text{ 倍} & \text{（低下）} \\ \text{伝搬定数}\beta\text{は} & \sqrt{\varepsilon_{\text{eff}}} \text{ 倍} & \text{（増加）} \\ \text{波長は} & \dfrac{1}{\sqrt{\varepsilon_{\text{eff}}}} \text{ 倍} & \text{（短縮）} \end{cases}$$

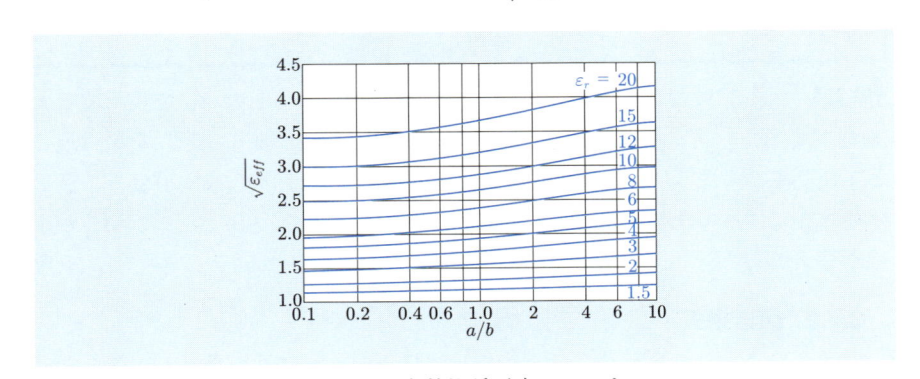

図 3.33 実効比誘電率のルート

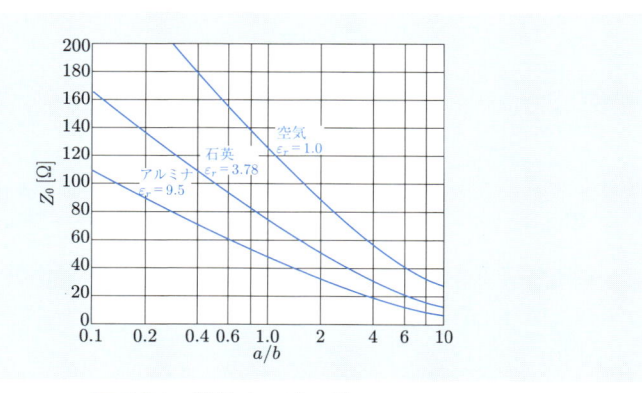

図 3.34　特性インピーダンス

図 3.33 に，数値計算により求めた $\sqrt{\varepsilon_{\text{eff}}}$ を，a/b および ε_r の関数として示す．a/b が大きくなるほど ε_{eff} が ε_r に近づいてゆくことがわかる．これは，a/b が大きくなるほどストリップ導体の幅が相対的に大きくなり，電磁波をより誘電体側に閉じ込める（上側の空間に逃がさない）状況になるためである．

図 3.34 には，ε_{eff} と (3.170) から求まる特性インピーダンスを示しておく．a/b が大きくなるにつれ，特性インピーダンスは低下する．

例題 3.3

ストリップ導体の幅が 1 mm，基板の厚さと比誘電率がそれぞれ 0.5 mm，4 のマイクロストリップ線路の実効比誘電率と特性インピーダンスを求めなさい．

【解答】　図 3.34 で，$a/b = 1/0.5 = 2$ における $\varepsilon_r = 1$ の Z_0 を読み取ると 90 Ω である．一方，図 3.33 から $a/b = 2$ における $\varepsilon_r = 4$ の $\sqrt{\varepsilon_{\text{eff}}}$ を読み取ると 1.8 である．従って，誘電体がないときの特性インピーダンス 90 Ω が，誘電体の存在によって 1/1.8 に低下することになる．よって，$90/1.8 = 50\,[\Omega]$ が求める答えである．　■

3.7.2　伝送損失

マイクロストリップ線路の伝送損失は，以下のように近似される：

$$\alpha \cong \frac{1}{2}\sqrt{\varepsilon_r}\beta\tan\delta + \frac{\varepsilon_r R_s}{\zeta b} \tag{3.171}$$

ここで第 1 項は誘電体による損失（$\tan\delta = \sigma/\omega\varepsilon$：誘電体の力率）を，また第 2 項は導体による損失（(3.152) 参照）を，それぞれ表している．導波管同様に，通常は第 2 項が支配的になる．伝送損失のオーダーは，同軸線路と同程度である．

3.7.3 対称型ストリップ線路

前記の（非対称）ストリップ線路よりも電磁波の放散が生じにくい**対称型ストリップ線路**の構造を，図 3.35 に示す．ストリップ導体の上下から平面導体で挟み込むために，電磁波は挟まれた誘電体の中に閉じ込められる．このためシールド型とも呼ばれる．

平面導体が十分大きく，ストリップ導体の厚さが無視できるという仮定のもとで，特性インピーダンスは次のようになる：

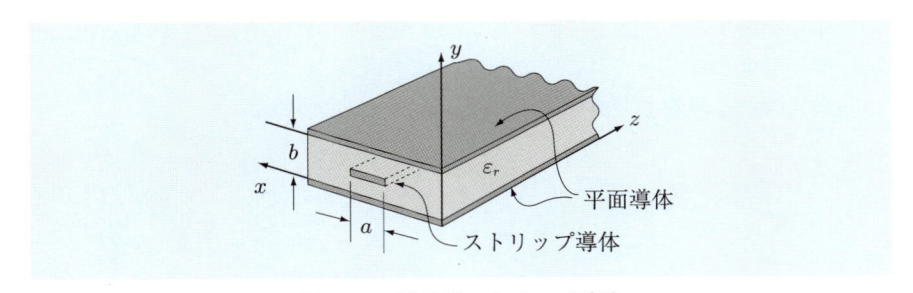

図 3.35　対称型ストリップ線路

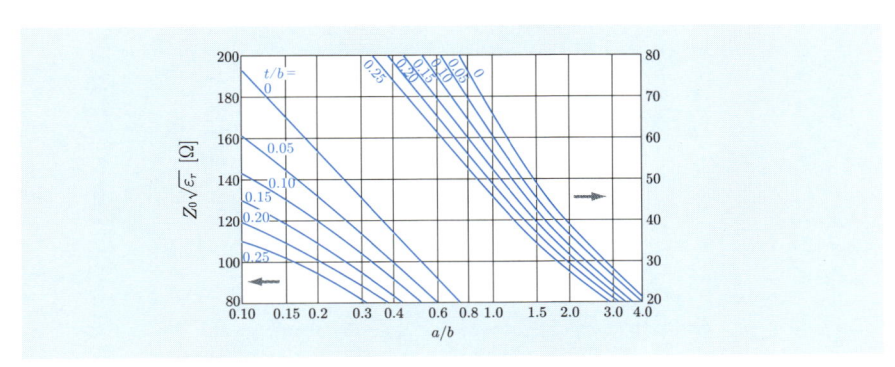

図 3.36　対称型ストリップ線路の特性インピーダンス

$$Z_0 = \frac{1}{4}\sqrt{\frac{\mu}{\varepsilon}} \cdot \frac{K\left(\operatorname{sech}\frac{\pi a}{2b}\right)}{K\left(\tanh\frac{\pi a}{2b}\right)} \tag{3.172}$$

ここで，$K(k)$ は第1種完全楕円積分である．

図3.36には，対称型ストリップ線路の特性インピーダンスの数値計算結果を示す．図中 t はストリップ導体の厚さを表す．$t/b = 0$ の曲線が，(3.172) に相当する．

3.7.4 結合ストリップ線路

ストリップ線路のストリップ導体同士を近づけてゆくと，2つの線路の電磁波が結合して新たなモードを形成するようになる．このような線路を，**結合ストリップ線路**と称する．図3.37に，対称型ストリップ線路をもとに作られた結合ストリップ線路の断面を示す．内部ストリップ導体を同位相で励振するか，逆位相で励振するかによって図のような2種類のTEMモード（偶モード，奇モード）が生じる．

結合状態での特性インピーダンスは，偶モードについて

$$Z_{0e} = \frac{1}{4}\sqrt{\frac{\mu}{\varepsilon}} \cdot \frac{K\left(\sqrt{1-k_e^2}\right)}{K(k_e)} \tag{3.173}$$

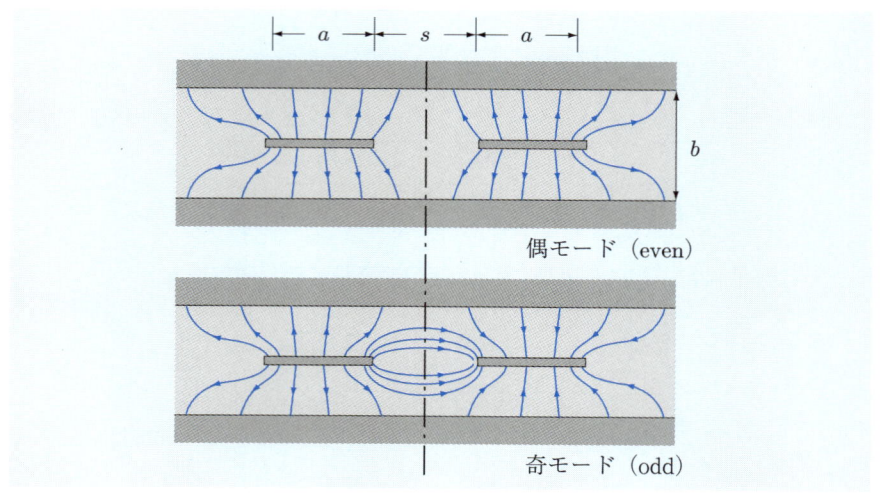

図 3.37 結合ストリップ線路内の電界の様子

となり，奇モードについては，

$$Z_{0o} = \frac{1}{4}\sqrt{\frac{\mu}{\varepsilon}}\frac{K\left(\sqrt{1-k_0^2}\right)}{K(k_0)} \tag{3.174}$$

となる．ただしここで，

$$\begin{cases} k_e \triangleq \tanh\left(\frac{\pi a}{2b}\right) \cdot \tanh\left\{\frac{\pi(a+s)}{2b}\right\} \\ k_o \triangleq \tanh\left(\frac{\pi a}{2b}\right) \cdot \coth\left\{\frac{\pi(a+s)}{2b}\right\} \end{cases} \tag{3.175}$$

である．

特性インピーダンスの計算結果を図 3.38 に示しておく．s はストリップ導体の間隔である．奇モードは内部導体間に電界が集中するので分布容量が増加し，特性インピーダンスが偶モードに比べ低下することがわかる．当然ながら s/b が ∞ で，(結合していない) 対称型ストリップ線路の特性インピーダンス (図 3.36 の $t/b = 0$ の曲線) に一致する．

結合ストリップ線路は，後述のように，フィルタ，方向性結合器等の回路素子に利用される．

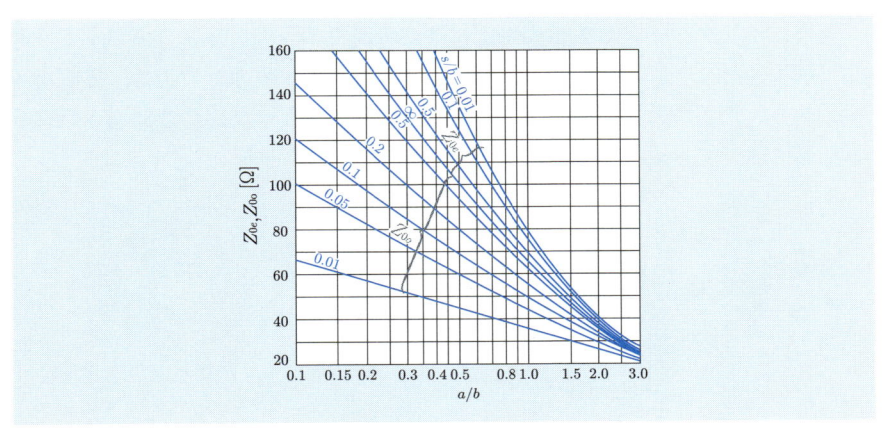

図 3.38 結合ストリップ線路の特性インピーダンス

3.7.5 回路素子

マイクロストリップ線路の特長の1つは，線路のちょっとした加工で，線路上に各種回路素子を作り込むことができることにある．これは，マイクロストリップ線路がプリント基板のような形態をとっているため，線路自体の加工や，他の素子の組み込みが比較的容易であることによっている．以下にいくつかの例をあげる．

抵抗

線路に抵抗を直列に挿入するには，図 3.39 のような加工を行う．すなわち，ストリップ導体の一部を切り取り，導電性の低い抵抗体膜を塗布する．等価回路は，図中に示すように，直観的にわかりやすいものになる．

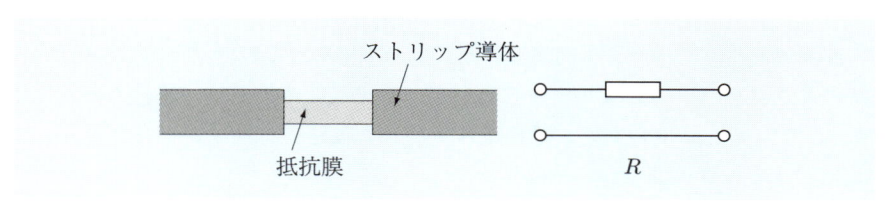

図 3.39　ストリップ線路上の直列抵抗

インダクタンス

直列にインダクタンスを挿入するには，所望のインダクタンス値が小さければ，単にストリップ導体の幅を一部狭くする加工をするだけで済む．必要なインダクタンス値が大きい場合は，より積極的にストリップ導体を渦巻き状に巻いた形に加工する．この間の様子を図 3.40 に示す．

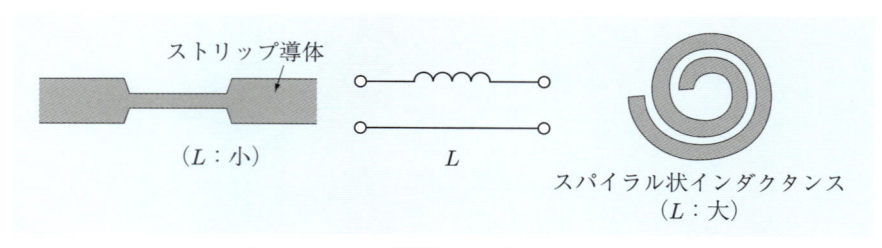

図 3.40　ストリップ線路上の直列インダクタンス

キャパシタンス

逆にストリップ線路の一部の幅を拡大する加工を行うと，並列にキャパシタンスを挿入した効果になる．直列に大きなキャパシタンスを必要とする場合には，ストリップ導体を大きな誘電率を持つ絶縁体を挟んで重ねる加工（積層加工）を行うことで，所望の効果が得られる．これらを図 3.41 に示す．直列に比較的小さなキャパシタンスを挿入する場合は，図 3.42 に示すように，単にストリップ導体の一部を切り取ってギャップを作ればよい．このことについては，次章でいくつかの例を学ぶ．

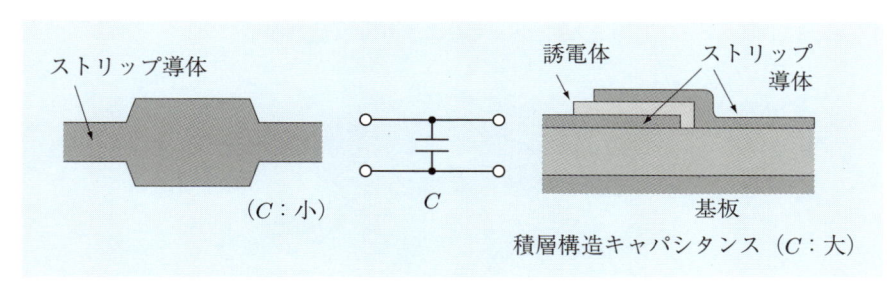

図 3.41　ストリップ線路上のキャパシタンス

その他の回路

ストリップ線路を用いて，共振器や濾波器（フィルタ）を構成することもできる．図 3.42 に示すのは，共振器の例で，上は単にストリップ線路に切り込みを入れただけの形態，下は共振器部分をストリップではなく正方形にした形態（平面回路）である．

図 3.43 に示すのは，ストリップ線路の途中に挿入されたフィルタの例で，切

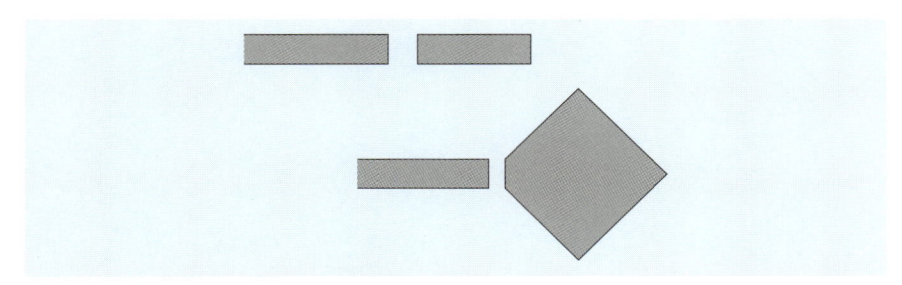

図 3.42　マイクロストリップ共振器と平面共振器

り欠きの間隔と数によって周波数特性が変えられる．これら共振器やフィルタについては，次章で詳しく論じる．

結合ストリップ線路を用いると，図 3.44 に示すような**方向性結合器**を作ることができる．ここでは，結合ストリップ線路の間隔と長さを調整することで，線路上の電磁波電力を任意の比率で合流／分岐させることが可能になる．動作の詳細は，次章の最終節（結合モード理論）で学ぶ．

図 3.43　マイクロストリップ濾波器

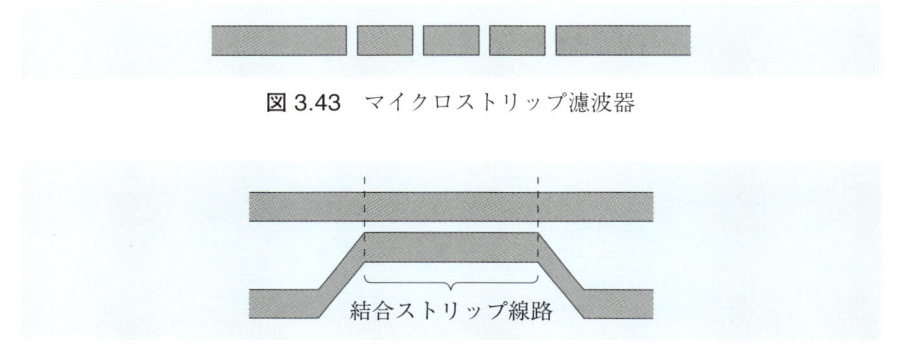

図 3.44　ストリップ線路方向性結合器

3.8 表面波線路

本章の最後に，**表面波線路**について学んでおこう．表面波線路の現代の代表選手は**光ファイバ**である．全世界で使われている光ファイバの総延長は，他の線路のそれと比べて桁違いに大きく，伝送線路の王者と言える．それゆえ，光ファイバを専ら扱う専門書が多数出版されている．光ファイバの議論はそれらの専門書に譲ることにし，ここではマイクロ波領域で使われてきた表面波線路について論じる．

3.8.1 一般的性質

図 3.45 のような何らかの導波機構があって，その十分外側において，進行方向に垂直な平面内の波数 k_c が純虚数であるとき，このような波動を**表面波**という．

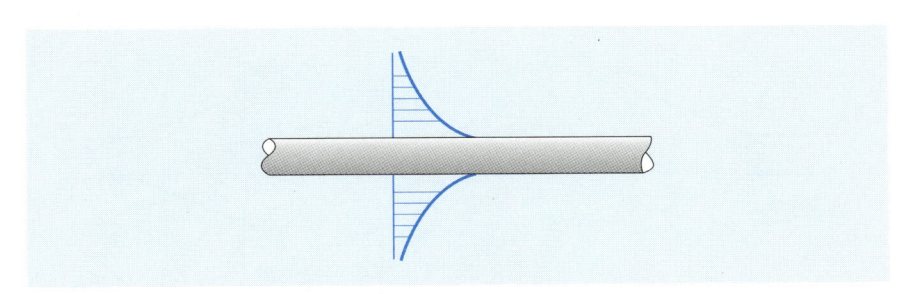

図 3.45 表面波線路の模式図．電磁波が線路の外側に指数関数状のテールを引く．

この場合，伝搬定数 β を計算すると，k_c が虚数であることから，

$$\beta^2 = k^2 - k_c^2 > k^2 \quad \text{つまり} \quad \beta > k = \frac{\omega}{c} \tag{3.176}$$

従って，表面波の位相速度 v_p，線路上波長 λ_g は，

$$v_p = \frac{\omega}{\beta} < c, \qquad \lambda_g < \lambda_0 \tag{3.177}$$

であると言える．位相速度が光速より小さいため，表面波の分散曲線は一般に，ω-β ダイアグラム上で平面波／TEM 波のそれより下に位置する（図 3.46）．

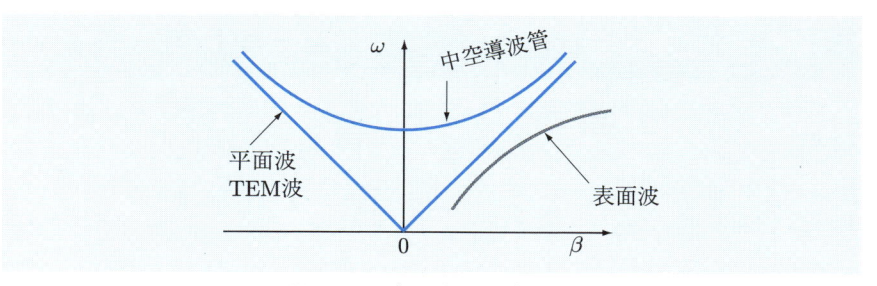

図 3.46 表面波の分散曲線

3.8.2 伝搬形態

実験的事実として，図 3.47 のようにして導波管を対向させると，左側の導波管から右側の導波管へ，ほとんど損失なく電力が伝送されることが知られている．このことを理解するために，導波管から誘電体棒に進入した電磁波が「誘電体の表面で全反射する」とする図 3.48 のモデルを考えてみよう．

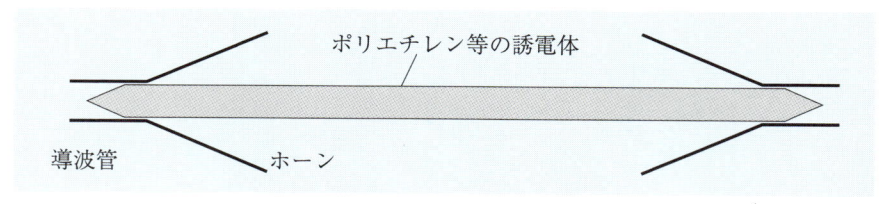

図 3.47 誘電体棒による電磁波の中継

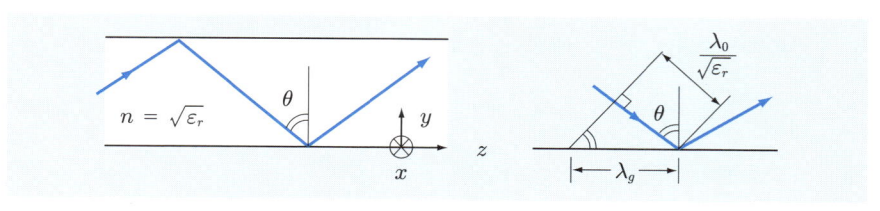

図 3.48 全反射ジクザグ伝搬モデル

誘電体の比誘電率を ε_r とすると，屈折率 n はその平方根として求まる．屈折率 n の誘電体と屈折率 1 の空気との界面での反射が「全反射」となる臨界角 θ_c は，屈折に関するスネルの法則から，

3.8 表面波線路

$$\theta_c = \sin^{-1}\frac{1}{n} = \sin^{-1}\frac{1}{\sqrt{\varepsilon_r}} \tag{3.178}$$

と求まる．入射角 θ が，$\theta > \theta_c$ のとき全反射となり，誘電体中の電磁波は空気中に散逸することなく，誘電体内にとどまる．このとき，誘電体中の進行方向波長（管内波長）λ_g は，

$$\lambda_g = \frac{\lambda_0}{\sqrt{\varepsilon_r}} \cdot \frac{1}{\sin\theta} < \lambda_0 \tag{3.179}$$

となる．なんとなれば，図 3.48 に示したように，自由空間波長 λ_0 が誘電体中では屈折率分の 1 に短縮し，その波面の間隔は z 方向で測ると $1/\sin\theta$ 倍に拡大するからである．ここで $\theta > \theta_c$ の条件を適用すると，(3.178) から $\lambda_g < \lambda_0$ であることが言える．

一般に $\beta = 2\pi/\lambda_g$，$k = 2\pi/\lambda_0$，$k_c^2 + \beta^2 = k^2$ であることに留意すると，$\lambda_g < \lambda_0$ であれば

$$k_c^2 = k^2 - \beta^2 = 4\pi^2 \left(\frac{1}{\lambda_0^2} - \frac{1}{\lambda_g^2}\right) < 0 \tag{3.180}$$

となるので，k_c は純虚数でなければならない．

ここで，$-k_c^2 = \gamma_x^2 + \gamma_y^2$（$\gamma_x^2$，$\gamma_y^2$：実数）とおけば，進行方向に垂直な平面（transverse 平面）内の電磁波の振幅は $e^{-\gamma_x x}$，$e^{-\gamma_y y}$（$x, y > 0$）に従って変化する．よって，伝送路から離れるにつれ指数関数的に減衰するテールを持つことになる（図 3.45）．このときの電界の様子を電気力線のように表したのが図 3.49 である．線路から離れると急激に力線の密度が小さくなる様子が見てとれよう．

全反射して誘電体内にとどまっているはずの電磁波が，テールを引く形とはいえ，なぜ空気中に漏れ出ているのかという疑問を持つかもしれない．実は誘電体界面での反射は，導波管の金属壁による反射に比べると相当「緩やか」で，図 3.48 のように急激に折れ曲がってはいない．むしろ電磁波が誘電体内からいったん外に出て，外側と内側で速度差が生じることにより徐々に内向きに方向を変えて，再び誘電体に戻ってくるイメージである．それなので，空気中にもかなりの量の電磁界が必然的に存在している．

134　　第 3 章　高周波伝送線路

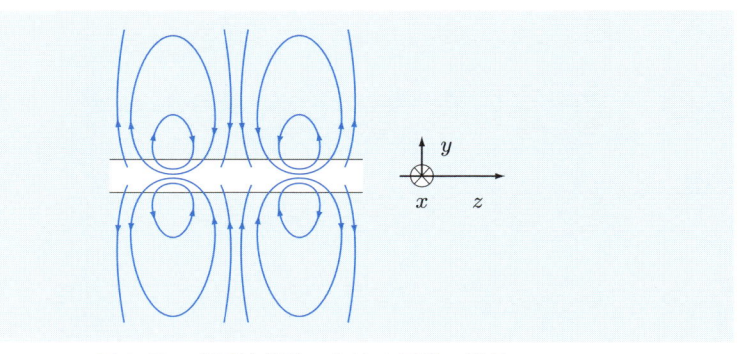

図 3.49　表面波線路における電界の様子

3.8.3　表面波線路の実例
誘電体線路

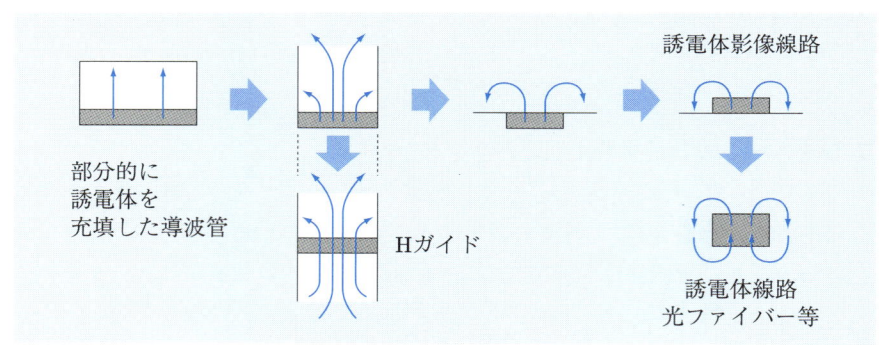

図 3.50　誘電体を使った表面波線路

　ここでは，金属壁の矩形導波管を出発点に，誘電体線路が導き出されることを，図を使って理解しよう．図 3.50 に示すように，矩形導波管の底部に誘電体を充填したとする．TE_{10} モードの電磁界分布は，誘電体がない場合からさほどは変化しない．

　ここでもし，導波管の上面の中央に切り込みを入れて，図のように上面を左右に引き上げたとすると，電気力線はそれにつれて左右に引き離されるようになろう．この状態で，全く同じ上面開放誘電体充填導波管を鏡像の位置に付加すると，図に示すようなアルファベットの「H」形断面の表面波線路ができあ

3.8 表面波線路

がる．これをその名もずばり「Hガイド (H-guide)」と称する．

一方，先般の導波管上面を切り開く過程で，金属壁をさらに大きく外側に開いてゆくと，図に示すような金属溝に誘電体を充填したような構造になる．ここで溝の下面を押し上げ，誘電体がむき出しになるようにしても，電気力線の様子はさほど変化しないであろう．この状態で，前と同じように，全く同じ金属板上の誘電体構造を上下逆さにして裏から貼り付け，金属板をそっと取り去ったとしても，電気力線は形を変えずにそのまま残るであろう．このようにして得られる，最終的に誘電体のみで電磁界を支持する（表面波）線路を,「誘電体線路」と呼んでいる．光ファイバは誘電体線路の代表例である．

金属壁を用いた表面波線路

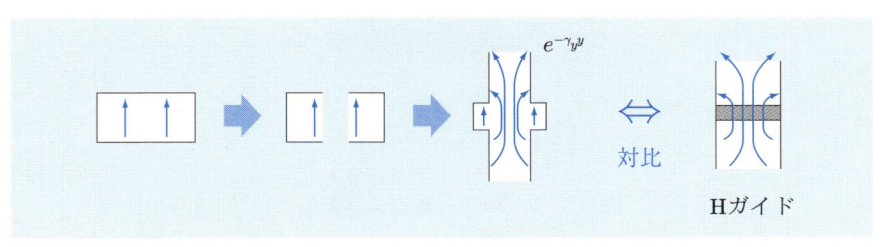

図 3.51　金属壁を用いた表面波線路

図 3.50 のように導波管に誘電体を充填しなくても，図 3.51 に示すように上下の金属壁を少し残す形で上面下面の金属壁を開いてゆくと，上下方向（y 方向）に指数関数的に拡がる分布を持った表面波線路ができる．これは，誘電体を使った H ガイドとよく似た形態と言える．

グーボー線路

図 3.52 に示すように，銅の芯線を誘電体で被覆した形状の表面波線路を，**グーボー線路**（Goubau line, G-line）と称する．グーボー線路上の電界の様子を図 3.53 に示す．導体の芯線から電界が垂直に立ち上がり，誘電体クラッドを突き抜けて，かなり外側まで電界が指数関数的に拡がっている．

グーボー線路は，例えば図 3.54 のようにして励振される．同軸線路の中心導体とグーボー線路の導体芯線を直結し，同軸線路の外部導体をホーン状に徐々に開いてゆくことで，同軸線路内の TEM モードがグーボー線路上の表面波に変換される．2 導体線路から，1 導体線路に電磁波を乗り移らせるわけである．

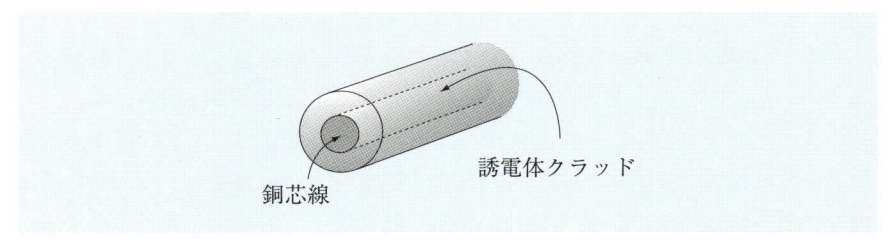

図 3.52 グーボー線路の構造

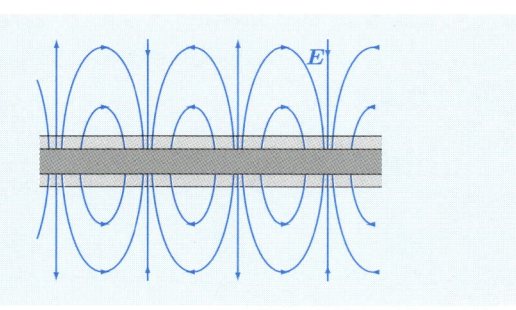

図 3.53 グーボー線路上の電界分布

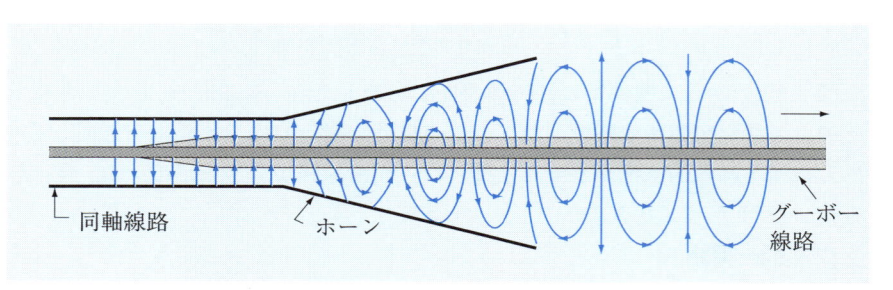

図 3.54 グーボー線路の励振

ここで，グーボー線路の芯線（中心導体）の半径を a，誘電体クラッドの半径を b とする（図 3.55）．$a = 9.4\,[\text{mm}]$，$b = 10\,[\text{mm}]$，電磁波の波長 $\lambda = 50\,[\text{cm}]$，誘電体クラッドの比誘電率 $\varepsilon_r = 4$ と仮定して理論計算をすると，中心から半径 6 cm，16 cm，33 cm，86 cm 以内に，それぞれ 50%，75%，90%，99% の電力が伝送されることが示される．すなわち，グーボー線路自体の外径はわずか 2 cm であっても，電力はその周囲 1 m 程度の空間を使って伝わっている．よっ

3.8 表面波線路

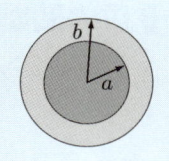

図 3.55 グーボー線路の断面

て，その範囲に電磁波に影響を与えるものが入ってこないようにケアする必要がある．

また，上記の場合の減衰量を計算すると，**誘電体損**が 0.158 dB/km，**導体損**が 1.87 dB/km となる（実測値は dB 値で 20%程度増す）．ここでも，損失の主因は導体損ということになる．とはいえ，この値は，同軸線路の損失に比べると 1/5〜1/6 程度であって，低損失と言える．グーボー線路がこのように低損失なのは，電力の多くが線路の周りの空間を使って伝送されていることに呼応して，電磁波が導体（や誘電体）に直に触れることが少ないからである．このことから，表面波線路は一般に低損失性を有すると言える．金属を使わなければ誘電体損だけになるので，さらなる低損失が見込まれる．

その一方，線路の周りの空間に物体が存在すると，その影響を受けやすいことは欠点と言える．また，電磁波が線路に閉じ込められているわけではないので，線路が急激に曲がると，電磁波がそれについて行けず，線路外に放散，散逸してしまう．電磁波を完全に閉じ込めている導波管や同軸線路と違い，表面波線路では，電磁波が緩く線路にまとわりついているだけであることを意識して利用するのが肝心である．

グーボー線路はかつて，その低損失性を利用して，電波の届きにくい遠隔地域にテレビ放送を届ける共同視聴用の線路として検討されたことがあった．しかし，屋外に設置した場合，雨が降って雨滴が付着すると急激に減衰が増加する問題，周囲の空間を保って敷設するための支持体をどうするかという問題（ナイロンの糸で吊すことが検討された）等のため，扱いが容易でなく，広く普及するには至らなかった．結局テレビ放送の有線伝送（ケーブルテレビ）には，これまでは主に同軸線路が用いられてきた．昨今は，光ファイバを使うのが主流になってきている．

3章の問題

☐ **1** 電磁界のエネルギーに関する恒等式 (3.40) を複素振幅で表現すると，(3.44) のようになることを示せ．

☐ **2** 矩形導波管における TM 波の解が (3.83)，(3.84) のようになることを導け．

☐ **3** 矩形導波管に励振される TM 波の最低次モードについて，遮断周波数，位相定数，管内波長，位相速度，群速度，伝送電力，特性インピーダンスの表現をそれぞれ求めよ．

☐ **4** 以下の問いに答えよ．
 (1) マイクロ波 C バンド内でのみ単一モードの矩形導波管を設計せよ．
 (2) C バンドの丁度中央の周波数でこの導波管を励振するとき，伝搬する電磁波の管内波長，特性インピーダンス，群速度をそれぞれ求めよ．
 (3) この導波管を X バンドで使うと，原理的にはいくつのモードが励振され得るか．理由とともに示せ．

☐ **5** 内部導体の外径が 2 mm の中空同軸線路に関する以下の問いに答えよ．
 (1) 基本モードの特性インピーダンスを $100\,\Omega$ とするには，外部導体の内径をいくらにすべきか．
 (2) この同軸線路を単一モード線路として利用可能な上限周波数はいかほどか．
 (3) 空気の絶縁破壊電界を 2×10^5 [V/m] とすると，運べる電力の最大値はいくらか．

☐ **6** 比誘電率 8，厚さ 1 mm の誘電体基板を用いて，ストリップ導体の幅が 3 mm のマイクロストリップ線路を作ると，特性インピーダンスはいかほどになるか．

4 高周波回路素子

　前章までの伝送線路の議論においては，波動はその伝搬方向（z方向）には「自由」なものとしていた（3次元方向のうち2次元のみに厳密な境界条件を課していた）．もし伝搬方向にも境界条件を課すと，その場に定常的に存在できる波動は極めて限定的なものになる．逆に言えば，特定の波動を抽出することができるようになる．

　このように電磁波に対しある特定の操作を行おうとする物理構造を一般に「回路」と言い，その代表的なものが「共振回路」である．本章では，前半の3節で種々の形態の共振回路を学び，最後の1節で，回路や線路間で波動をやりとりする際に必要な考え方であるモード結合理論を学ぶ．

> **4章で学ぶ概念・キーワード**
> 　共振器，Q値，線路共振回路，フィルタ回路，平面共振回路，矩形共振器，円形共振器，モード結合器，立体共振回路，空洞共振器，結合まど，結合モード方程式

4.1 分布定数線路共振回路

共振回路の1番目として,分布定数線路を有限長に区切ることで形成される**共振器**を取り上げる.そもそも共振回路は,主に以下のような目的に用いられている:

(1) エネルギーを蓄える(発振器のタンク回路等)
(2) インピーダンス Z,アドミタンス Y の,周波数に対する急峻な変化を利用する(受動フィルタ等)
(3) 周波数を知る(周波数メータ等)

増幅素子と共振回路を組み合わせると,発振器や能動フィルタを構成することができる.

4.1.1 集中定数共振回路

分布定数線路の片端を短絡または開放するだけで,共振器としての動作をし始める.このことを理解する準備として,まず集中定数回路における共振器の性質を復習しておこう.集中定数で表した抵抗器の抵抗値を R,コンダクタンスを G,コンデンサのキャパシタンスを C,コイルのインダクタンスを L とする.いつも通り,ω は交流の角周波数,j は虚数単位である.

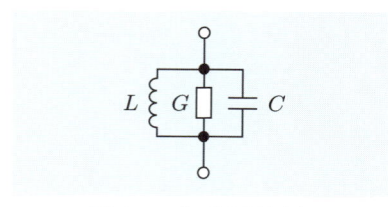

図 4.1 並列共振回路   **図 4.2** 直列共振回路

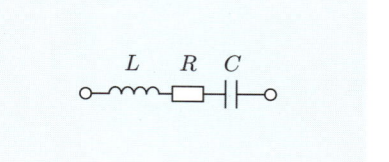

このとき,図 4.1 の並列共振回路のアドミタンス Y は,交流回路理論から,

$$Y = G + j\left(\omega C - \frac{1}{\omega L}\right) \cong G\left(1 + jQ\frac{2\Delta\omega}{\omega_0}\right) \tag{4.1}$$

と書ける.同様に,図 4.2 に示す直列共振回路のインピーダンス Z は,

$$Z = R + j\left(\omega L - \frac{1}{\omega C}\right) \cong R\left(1 + jQ\frac{2\Delta\omega}{\omega_0}\right) \tag{4.2}$$

4.1 分布定数線路共振回路

である．ここで導入されたパラメータ Q は共振器の **Q 値**（quality factor）と呼ばれる共振の強さを表す量であるが，詳しくは後述する．それぞれの式の右辺の近似の意味について見てゆこう．

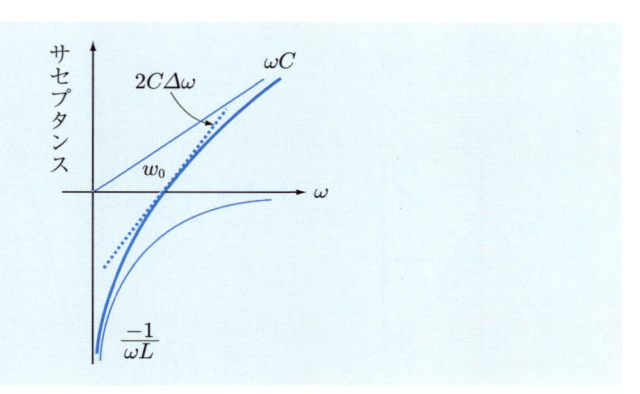

図 4.3 並列共振回路の合成サセプタンス

(4.1) の並列共振回路の場合，合成アドミタンスのうちのサセプタンス成分を ω の関数でプロットすると図 4.3 のようになる．ωC と $-1/(\omega L)$ を足す結果，合成サセプタンスがゼロになる角周波数 ω_0 の存在することがわかる．この ω_0 は，

$$\omega_0 C - \frac{1}{\omega_0 L} = 0$$

の関係から

$$\omega_0 = \frac{1}{\sqrt{LC}} \tag{4.3}$$

と求められる．これが並列共振回路の「共振角周波数」であることは交流回路理論で学んだ通りである．

さて，合成サセプタンスを ω_0 の周りで直線近似することを考える．図中破線で表された直線がそれであり，その直線の方程式は，

$$\begin{aligned}
&\frac{d}{d\omega}\left(\omega C - \frac{1}{\omega L}\right)\bigg|_{\omega=\omega_0} \cdot (\omega - \omega_0) \\
&= \left(C + \frac{1}{L}\omega^{-2}\right)\bigg|_{\omega=\omega_0} \cdot \Delta\omega = 2C\Delta\omega
\end{aligned} \tag{4.4}$$

と求まる．ここで，共振角周波数からの偏差 $\omega - \omega_0$ を，$\Delta\omega$ とおいた．

実際のアドミタンスは，図 4.4 に示すように，今求めたサセプタンス成分とコンダクタンス G の和である．図には，共振角周波数 ω_0 近傍での変化の様子が示されており，ω_0 より角周波数が低くても高くてもアドミタンスの絶対値が大きくなることがわかる．

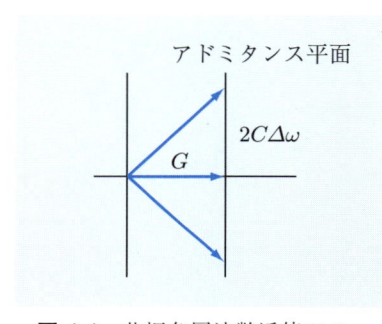

図 4.4 共振角周波数近傍での合成アドミタンスの変化

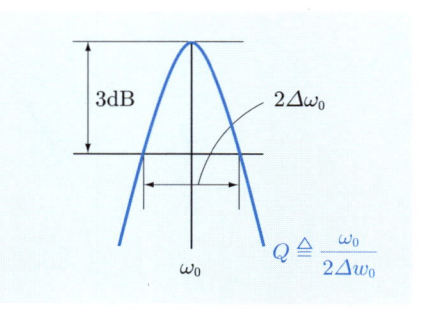

図 4.5 一般の共振特性

さて一般に，共振器のインピーダンス（またはアドミタンス）は，共振周波数近傍で図 4.5 に示すような尖った山状（または深い谷状）の周波数特性を有する．図で，ピークから 3 dB 低下するところの周波数幅（共振線幅）を $2\Delta\omega_0$ と呼ぶことにすると，共振の中心角周波数 ω_0 に対し**共振線幅** $2\Delta\omega_0$ が狭ければ，共振は「鋭い」あるいは「強い」と言える．そこで，

$$Q \triangleq \frac{\omega_0}{2\Delta\omega_0} \tag{4.5}$$

で定義される共振器 Q 値を導入すると，Q 値が大きければ共振が強く，小さければ共振が弱いことを定量的に表すことができるようになる．上記の線幅は，正確には $\Delta\omega_0$ を**半値半幅**，$2\Delta\omega_0$ を**半値全幅**と呼んでいる．

(4.1) の並列共振回路に戻ると，図 4.4 で見た通り，ω_0 で合成アドミタンスが最小になる．つまりこの場合は谷状の周波数特性を有している．最小値から 3 dB，つまり $\sqrt{2}$ 倍にアドミタンスの絶対値が増加するのは，図 4.4 から明らかなように，$2C\Delta\omega = G$ のときである．従って，並列共振回路においては，共振の半値半幅 $\Delta\omega_0$ は

$$\Delta\omega_0 = \frac{G}{2C} \tag{4.6}$$

と表されることになる．よって，Q 値は，

$$Q \triangleq \frac{\omega_0}{2\Delta\omega_0} = \frac{\omega_0 C}{G} = \frac{1}{G}\sqrt{\frac{C}{L}} \tag{4.7}$$

のように，L, G, C を用いて表すことができる．式 (4.1) の右辺の近似は，ω_0 の近傍でサセプタンスを直線近似した結果を Q や ω_0 を用いて表現したものである．

次に図 4.2 の直列共振回路の場合であるが，式 (4.2) の近似の導出は並列共振回路と同様なので，読者の練習問題としたい．結果として，直列共振回路の Q 値は

$$Q = \frac{\omega_0 L}{R} = \frac{1}{R}\sqrt{\frac{L}{C}} \tag{4.8}$$

のように求まる．

4.1.2 終端形共振回路

集中定数共振回路を復習したところで，次に本題である分布定数線路を利用した共振器について考えよう．まず図 4.6 に示す終端を短絡した特性インピーダンス Z_0，長さ l の分布定数線路を考える．

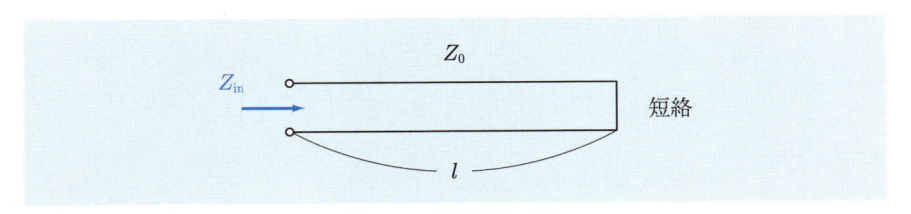

図 4.6 終端短絡線路

(2.72) より，左端から右を見た（入力）インピーダンス Z_in は，

$$Z_\mathrm{in} = jZ_0 \tan\beta l \tag{4.9}$$

と表される．第 2 章では減衰定数 α を考えないことが多かったので上式には位相定数 β しか含まれていないが，本来は両方の効果を組み込んだ伝搬定数 γ ($= \alpha + j\beta$) で考えるべきであった．そこで一般に $\tanh Z = j\tan\frac{Z}{j}$ であるこ

とを用いて，(4.9) を γ について書き直すと，

$$Z_{\text{in}} = Z_0 \tanh\gamma l \tag{4.10}$$

を得る．これが，α の効果も含んだより一般的な表現である．

今，この線路が，ある角周波数 ω_0 に対する4分の1波長短絡線路であるとすると，

$$l = \frac{\lambda_{g0}}{4} = \frac{1}{4}\cdot\frac{2\pi v_p}{\omega_0} \quad (v_p \text{は位相速度}) \tag{4.11}$$

であるから

$$\beta l = \frac{\omega}{c}\cdot\frac{1}{4}\cdot\frac{2\pi c}{\omega_0} = \frac{\pi}{2}\cdot\frac{\omega}{\omega_0} = \frac{\pi}{2}\cdot\frac{\omega_0+\Delta\omega}{\omega_0} = \frac{\pi}{2}\left(1+\frac{\Delta\omega}{\omega_0}\right) \tag{4.12}$$

となる（ここで一般の角周波数 ω を，ω_0 とそこからの偏差 $\Delta\omega$ で表した）．これを (4.10) に代入すると

$$\begin{aligned}Z_{\text{in}} &= Z_0\tanh\left(\alpha l + j\frac{\pi}{2}\left(\frac{\Delta\omega}{\omega_0}\right) + j\frac{\pi}{2}\right) \\ &= Z_0\coth\left(\alpha l + j\frac{\pi}{2}\left(\frac{\Delta\omega}{\omega_0}\right)\right)\end{aligned} \tag{4.13}$$

を得る．この逆数をとると

$$\begin{aligned}Y_{\text{in}} &= Y_0\tanh\left(\alpha l + j\frac{\pi}{2}\left(\frac{\Delta\omega}{\omega_0}\right)\right) \\ &\cong Y_0\text{sech}^2(0)\cdot\left(\alpha l + j\frac{\pi}{2}\left(\frac{\Delta\omega}{\omega_0}\right)\right) \\ &= Y_0\left(\alpha l + j\frac{\pi}{2}\left(\frac{\Delta\omega}{\omega_0}\right)\right)\end{aligned} \tag{4.14}$$

この式の近似の前提として，α，$\Delta\omega$ ともに十分小さいとしている．これに $l = \pi c/2\omega_0 = \pi/2\beta_0$ を代入すると，最終的に

$$Y_{\text{in}} = \frac{\pi\alpha}{2\beta_0}Y_0\left(1+j\frac{\beta_0}{2\alpha}\left(\frac{2\Delta\omega}{\omega_0}\right)\right) \tag{4.15}$$

を得る．

これと，並列共振回路のアドミタンスの式 (4.1) を比較すると，

4.1 分布定数線路共振回路

$$\frac{\beta_0}{2\alpha} \triangleq Q \tag{4.16}$$

とおくことによって

$$Y_{\text{in}} = \frac{\pi Y_0}{4Q}\left(1 + jQ\frac{2\Delta\omega}{\omega_0}\right) \tag{4.17}$$

が得られる．従って

$$\begin{cases} G = \dfrac{\pi Y_0}{4Q} \\ C = \dfrac{GQ}{\omega_0} = \dfrac{\pi Y_0}{4\omega_0} \\ L = \dfrac{1}{\omega_0^2 C} = \dfrac{4}{\omega_0 \pi Y_0} \end{cases} \tag{4.18}$$

なる対応づけを行えば，終端短絡線路と並列共振回路は等価であると言える．

一例として

$$\begin{cases} \omega_0 = 2\pi \times 10^9 \quad (1\text{GHz}) \\ \alpha = 0.043 \text{ dB/m} = 0.043/20 \cdot \ln 10 \text{ [Np/m]} \\ \qquad = 0.005 \text{ [Np/m]} \end{cases}$$

の場合を考えてみよう[*]．この α の値は，同軸線路のそれとして一般的である．$\beta_0 = \omega_0/c$ はおよそ 21 rad/m になるので，

$$Q = \frac{\beta_0}{2\alpha} \sim 2100$$

となる．2,100 という Q 値はそれほど小さくなく，共振器として悪くない．

4.1.3 終端形共振回路の使用形態

終端形共振回路を実際に利用するには，一工夫必要である．図 4.7 にいくつかの例を示した．ケース A は同じ特性アドミタンスを持つ線路の端に共振線路を繋いだ場合，ケース B は異なる特性アドミタンスを持つ線路の端に繋いだ場合，ケース C は同じ特性アドミタンスを持つ線路の端に，キャパシタンスを介

---

[*] Np（ネーパ，neper）は B（ベル）と同様に比率を表す単位で，B が 10 を底とした常用対数に基づくのに対し，Np は自然対数に基づく．

$$1\,[\text{Np}] \simeq 8.7\,[\text{dB}]$$

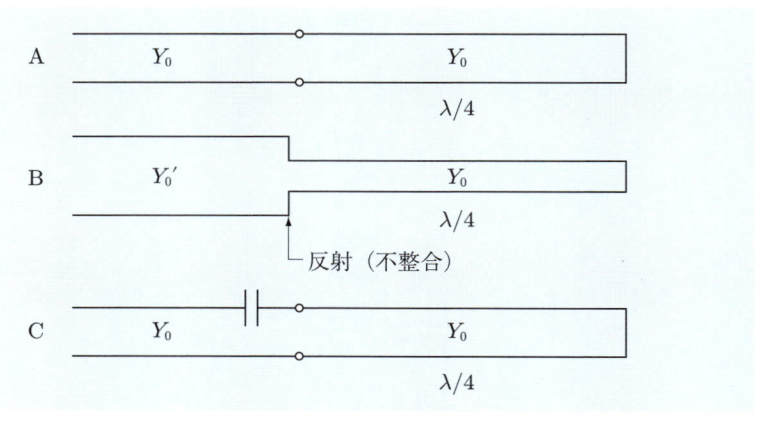

図 4.7　終端形共振回路の各種使用形態

して繋いだ場合である．

　Aの場合，繋いだ瞬間に共振回路が線路の一部に同化してしまう（共振線路の長さ情報が失われる）ため，共振回路としては機能しなくなる．これでは台無しである．Bのようにして初めて共振器として機能するようになる．しかし，別の特性インピーダンスを持つ線路を揃えるのは若干面倒ではある．Cの場合，同じ特性インピーダンスの線路が使えるのでより実用的と言える．以下，BとCの扱いについて少し詳しく見てみよう．

ケース B：異なる特性インピーダンスの線路で励振する場合

　図4.7 Bのケースを，スミスチャート上で表現することを考える．図4.8のスミスアドミタンスチャートにおいて，Bの線路の右端は短絡端なのでチャート上では左端に対応する．そこから4分の1波長だけ電源側に遡り，接合部あたりに来ると，チャート上では右回りに円上を半周することになる．

　ここで，本章に特徴的なことが2つ出てくることに注意して欲しい．1つは，第2章のスミスチャートの議論ではほとんど考えなかった減衰定数 α の存在である．線路自体にロスがある場合，線路を電源に向けて遡ってゆくと，その場における反射係数はだんだん小さくなってゆく（VSWRが低下する）ことは第2章で学んだ通りである．従って，スミスチャート上で電源側に遡ってゆくと，その軌跡は真円ではなく，スパイラルになる．図4.8で短絡端から出発し電源側に遡る軌跡が，だんだんと内側に入ってゆく（半径が小さくなる）のはその

4.1 分布定数線路共振回路

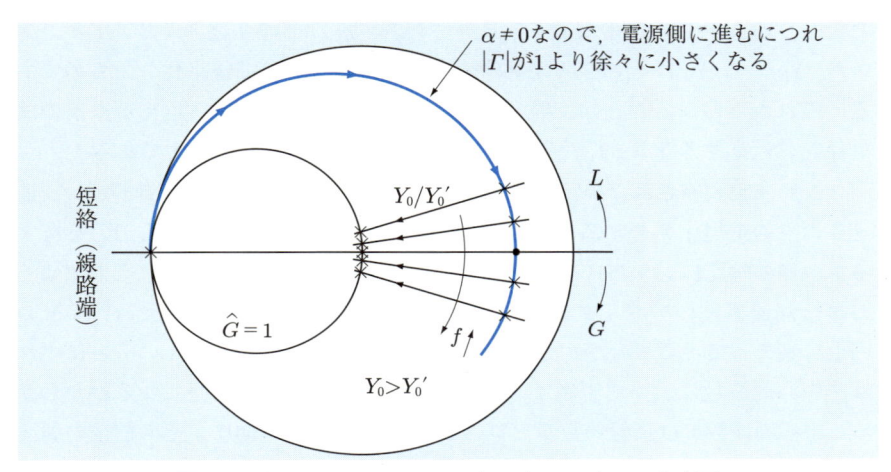

図 4.8 ケース B のスミスアドミタンスチャート表示

ためである．そのままどんどん電源へ遡ってゆくならば，軌跡は蚊取り線香のような渦巻きを描いて，最終的には原点へ収束してゆくのである．

もう1つは，周波数による違いを考慮する点である．スミスチャート上では，線路上の長さが線路内波長で規格化されているため，周波数が変わって波長も変われば，スミスチャート上で回転する量も変わってくる．具体的には，高い周波数（従って短い波長）ほど，同じ線路長に対しスミスチャート上でたくさん回転することになる．図 4.8 では，同じ「4 分の 1 波長」程度の長さを短絡端から遡っても，周波数によって異なる点に行き着くことが示されている．ある中心周波数では丁度 180 度回っている（丁度 4 分の 1 波長遡っている）が，それより低周波は 180 度回り切らず，それより高周波は 180 度を越えて回ってしまう．その結果，接合部に対応するスミスチャート上の場所が周波数毎に枝分かれしてしまうことに注意が必要である．

次に，この接合部を越えて別の特性インピーダンスの線路に乗り移る際，スミスチャート上ではどのように遷移すべきであろうか．これを考えるために，接合部の Y_0' 側から右を見た反射係数を計算してみる：

$$\Gamma = \frac{Z_l - Z_0'}{Z_l + Z_0'} = -\frac{Y_l - Y_0'}{Y_l + Y_0'} = -\frac{\hat{Y}_l \frac{Y_0}{Y_0'} - 1}{\hat{Y}_l \frac{Y_0}{Y_0'} + 1} = \frac{\hat{Z}_l \frac{Z_0}{Z_0'} - 1}{\hat{Z}_l \frac{Z_0}{Z_0'} + 1} \tag{4.19}$$

ただし，Z_l は共振線路の入力インピーダンス，Y_l はその逆数（入力アドミタンス），$\hat{Y}_l \triangleq Y_l/Y_0$ はそれを共振線路の特性アドミタンスで規格化したものである．これからわかることは，接合部を越えた後の反射係数は，越える直前の反射係数に対応する $\hat{Y}_l$ に Y_0/Y_0' を掛けたものに等しいということである．

すなわち，短絡された線路右端から出発して，共振線路長だけ右回りした後，そこの点の正規化アドミタンス $\hat{Y}_l$ を Y_0/Y_0' 倍した点に移動すれば，Y_0' を有する電源側の線路に対するスミスチャートに移行できる．図 4.8 には，これによって接合部通過後のアドミタンスが整合点（チャートの中心）付近の $\hat{G} = 1$ の円上に集まってくる場合が示されている．この図から逆に，Y_0 をいくらにすれば，中心周波数において丁度インピーダンス整合する共振回路になるかがわかる．中心周波数では反射係数がゼロになり（$\hat{G} = 1$, $\hat{B} = 0$），その前後の周波数では反射係数の発生してくる様子（$\hat{G} \simeq 1$, $\hat{B} \neq 0$）が，図 4.8 より見て取れよう．

ケース C：キャパシタンスを挿入して励振する場合

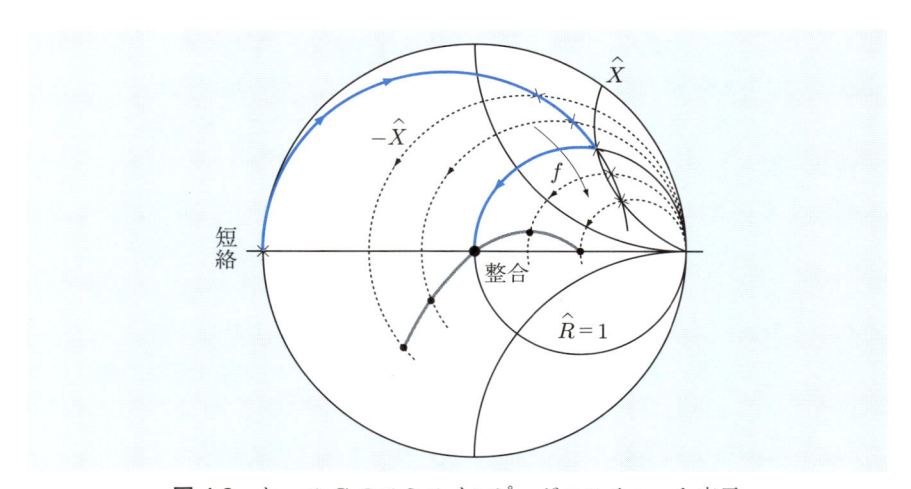

図 4.9　ケース C のスミスインピーダンスチャート表示

図 4.9 のスミスインピーダンスチャートで考える．ケース B と同様に，チャート左端の短絡端を出発点におよそ 4 分の 1 波長（半周）する．キャパシタンスを直列に挿入して中心周波数で整合をとるには，図に示すように共振線路長を 4 分の 1 波長（半周）よりは若干短くする必要がある．$\hat{R} = 1$ の円につきあたっ

4.1 分布定数線路共振回路

た所で，$-\hat{X}$ のリアクタンス（すなわちキャパシタンス）を直列に繋ぐと，整合点へ到達することができる．その前後の周波数は，同じ線路長を遡ったところで枝分かれし，それらはキャパシタンスの直列接続により，整合点付近の別々のインピーダンスへマッピングされる．中心周波数では反射係数がゼロになり（$\hat{R}=1,\ \hat{X}=0$），その前後の周波数で反射係数の発生してくることは先と同様である．

他の形式

終端を開放した4分の1波長線路を用いることにより，直列共振回路と等価なインピーダンスを得ることができる．そのインピーダンスは，(4.17) に対応して，

$$Z_{\text{in}} = \frac{\pi Z_0}{4Q}\left(1 + jQ\frac{2\Delta\omega}{\omega_0}\right) \tag{4.20}$$

となる．証明は章末問題としたい．その使い方の一例を図 4.10 に示す．図 4.7 C と比較して，双対な形態となっていることがわかる．

図 4.7 C の共振回路をマイクロストリップ線路を用いて作製しようとする場合，図 4.11 のようになる．キャパシタンスの直列挿入は，ストリップ線路に切

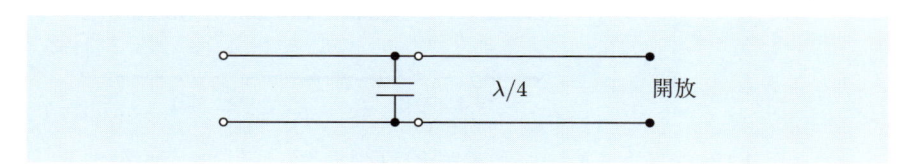

図 4.10 終端開放形共振回路

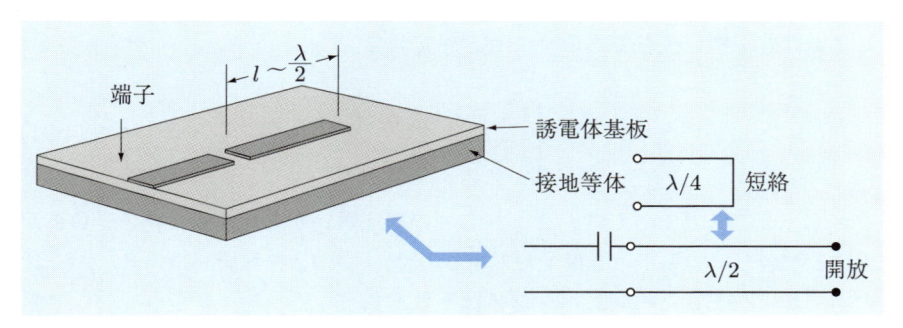

図 4.11 終端形マイクロストリップ共振器

り込みを入れることで簡単に実現できる．一方，短絡終端は必ずしも容易でないので，終端を開放した4分の1波長線路で短絡端を模擬するのが得策である．結局，終端を開放した半波長線路を用いればよい．

4.1.4 分布定数線路から作られる透過形共振回路（単一共振フィルタ）

終端形の次に，透過形の線路共振回路を考えてみよう．マイクロストリップ線路を用いた例を図 4.12 に示す．ストリップ線路の2箇所に切り欠きを入れた構造である．切り欠きに挟まれた部分の長さを l，切り欠きに対応する直列キャパシタンスの値をそれぞれ C_1，C_2 としている．線路の端部は，線路の特性インピーダンス Z_0 と同じインピーダンスの負荷で終端している．この回路は，後に明らかになるように，特定の周波数だけを選択的に通過させるフィルタの役割を果たす．

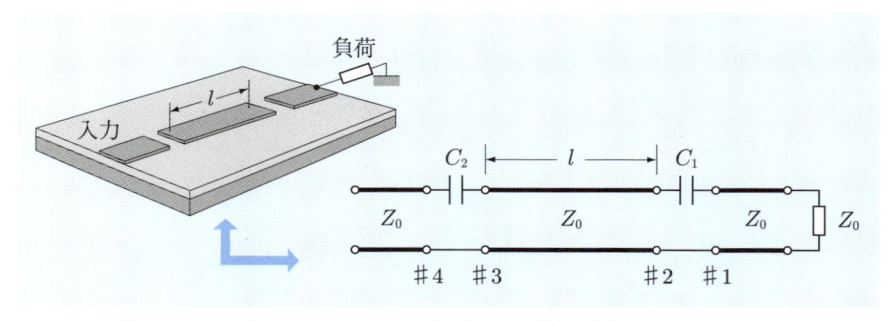

図 4.12 マイクロストリップ線路透過形共振回路とその等価回路

今，2つの切り欠きは等しく，また図 4.11，図 4.9 のアナロジーから，l は $\lambda/2$ より若干短い長さであろうことを想定して，

$$\begin{cases} C_1 = C_2 = C \\ l = \dfrac{\lambda}{2} - \Delta \end{cases} \tag{4.21}$$

とおく．ここに Δ は，l が $\lambda/2$ よりもどの程度短いかを示す量である．負荷が線路と整合していることを仮定しているので，図 4.12 の等価回路の #1 から #3 の場所から右を見たインピーダンスはそれぞれ

4.1 分布定数線路共振回路

$$\begin{cases} Z_1 = Z_0 \\ Z_2 = Z_1 - j\dfrac{1}{\omega C} \\ Z_3 = Z_0 \dfrac{Z_2 + jZ_0 \tan\beta l}{Z_0 + jZ_2 \tan\beta l} \end{cases} \quad (4.22)$$

のように書ける．3番目の式を得るにあたっては，(2.67) の関係を用いている．

ここで，中心周波数 f_0（中心角周波数 ω_0）において，

$$Z_3 = Z_1 + j\dfrac{1}{\omega_0 C} \quad (4.23)$$

となるように l を選べば

$$Z_4 = Z_3 - j\dfrac{1}{\omega_0 C} = Z_1 = Z_0 \quad (4.24)$$

となって，f_0 の電力は完全に透過することになる．このことより，l の満たすべき条件は，

$$Z_0 \dfrac{\left(Z_0 - j\dfrac{1}{\omega_0 C}\right) + jZ_0 \tan\beta_0 l}{Z_0 + j\left(Z_0 - j\dfrac{1}{\omega_0 C}\right)\tan\beta_0 l} = Z_0 + j\dfrac{1}{\omega_0 C} \quad (4.25)$$

であることがわかる．これを解くと，

$$\tan\beta_0 l = -2Z_0 \omega_0 C \quad (4.26)$$

を得る．

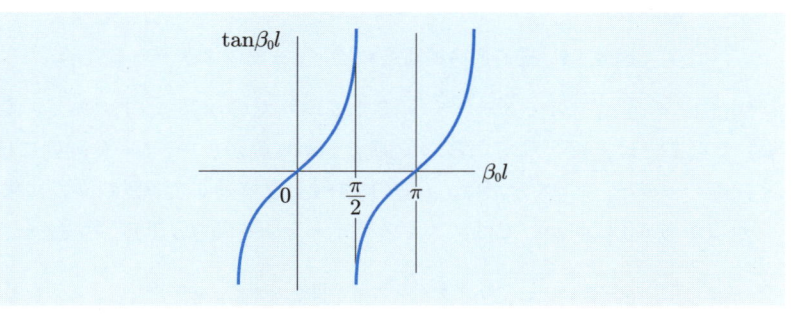

図 4.13　正接（タンジェント）関数の挙動

152　第 4 章　高周波回路素子

ここで $l \sim \frac{\lambda}{2}$ であることを考慮すると $\beta_0 l \sim \pi$ であって，図 4.13 からわかる通り π の近傍では，$\tan \beta_0 l$ は直線 $\beta_0 l - \pi$ で近似可能である．従って (4.26) は

$$\beta_0 l - \pi \cong -2Z_0 \omega_0 C \tag{4.27}$$

と書くことができ，これを l について解いて

$$l = \frac{\pi - 2Z_0 \omega_0 C}{\beta_0} = \frac{\lambda_0}{2} - 2v_p Z_0 C \tag{4.28}$$

を得る．ただし $\omega = v_p \beta$（分散性なし）を仮定した．これと (4.21) を比較して，

$$\Delta = 2v_p Z_0 C \tag{4.29}$$

のように Δ を求めることができる．

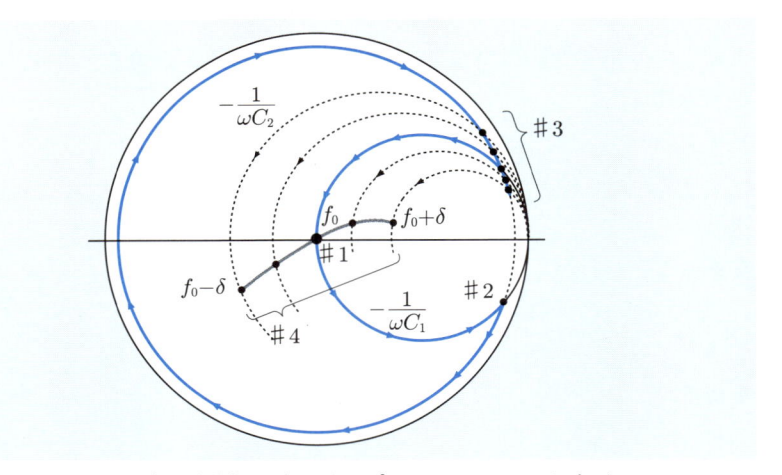

図 4.14　透過形共振回路のインピーダンスチャート表示

図 4.12 の回路をスミスチャート上で表現したのが図 4.14 である．負荷から #1 の点までは，整合しているので原点上から動かない．C_1 を直列に挿入すると，そのリアクタンス分だけ，$\hat{R} = 1$ の円上を移動して #2 の位置に来る [*]．
そこから #3 に向かっては，スミスチャート上を電源方向に半波長弱，すなわ

---

[*] 厳密には，周波数に応じてリアクタンス値が異なるため，#2 に対応する点は若干ばらけるが，中心周波数からの偏差 δ が小さければばらけ方も小さいので，ここでは無視する．

4.1 分布定数線路共振回路

ち1周弱回転する．半波長に対応する長さが周波数によって違うので，#3の点に対応するスミスチャート上の点はばらけることになる*)．そこに再度直列に C_2 を挿入すると，そのリアクタンス分だけ，$\hat{R}$=一定の円上を移動し，#4の点に至る．

この一連の過程で，中心周波数 f_0 に対応する軌跡はスミスチャート上の原点から出発して原点に戻ることになる．すなわち，図4.12の回路は左端から右を見て「無反射」であり，電力は完全に透過して負荷に到達できる．一方，中心周波数よりやや高い $f_0+\delta$ や，やや低い $f_0-\delta$ に対応する軌跡は，#4で原点に戻ることはできず，有限の反射を生じてしまうことになる．従って，この回路は，特定の周波数を選択的に負荷に導く「フィルタ」として機能することがわかる．

なお，上で求めた Δ が，図4.14の f_0 で#2から#3に至る軌跡が1周に足りない分に対応していることは，言うまでもなかろう．

---

*) この例では線路の減衰定数 α を無視したため#2から#3に至る軌跡は真円で書いてある．無視できない α のある場合は，図4.8や図4.9で見た通り，真円ではなく，電源に向かってだんだん半径が小さくなるスパイラル状に描くべきものである．

4.2 平面共振回路

共振回路の 2 番目に，**平面共振回路**を学ぶ．1 次元の線路共振回路と違って，2 次元に広がった構造を電磁波の蓄積に利用する．

4.2.1 平面共振回路の基本形

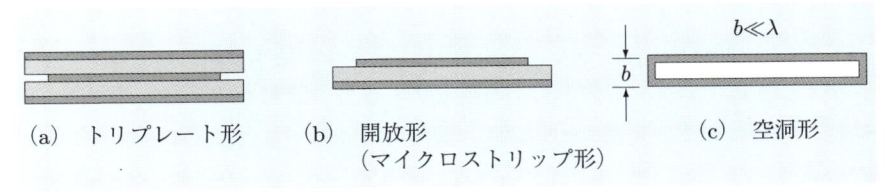

(a) トリプレート形 (b) 開放形（マイクロストリップ形） (c) 空洞形

図 4.15　平面共振回路の基本形

図 4.15 に，平面共振回路の 3 種の基本形を示す．断面を示しており，色の濃いところは導体，色の薄いところは絶縁体（ないし空洞）に対応する．(a) のトリプレート形は，前章の対称型ストリップ線路のストリップ導体が 2 次元的に広がった構造，(b) の開放形は，通常のマイクロストリップ線路のストリップ導体が 2 次元的に広がった構造，(c) の空洞形は，次節の空洞共振器を平たく潰した構造，とそれぞれ解釈することができる．

4.2.2 平面回路の基本方程式

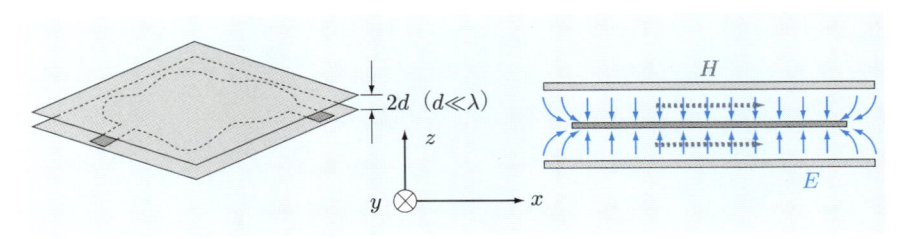

図 4.16　一般の平面共振回路と内部の電磁界の様子

ここではトリプレート形を例に，平面回路の基本方程式を導く．回路が「平面」と呼べる前提は，図 4.16 に示すように，回路の厚さ（図の場合 $2d$）が電磁波の波長 λ に比べて十分に小さいことである．$d \ll \lambda$ であれば，$\frac{\partial}{\partial z} = 0$ と考

えることができる（厚さ方向には電磁界は一定）．導体界面での境界条件から，電界，磁界の方向はそれぞれ図 4.16 に示したようになるはずである．すなわち

$$H_z = E_x = E_y = 0 \tag{4.30}$$

これらを (3.19a), (3.20a) に代入すると，

$$\begin{cases} \dfrac{\partial E_z}{\partial y} = -j\omega\mu H_x & (4.31\mathrm{a}) \\[2mm] \dfrac{\partial E_z}{\partial x} = j\omega\mu H_y & (4.31\mathrm{b}) \\[2mm] \dfrac{\partial H_y}{\partial x} - \dfrac{\partial H_x}{\partial y} = j\omega\varepsilon E_z & (4.31\mathrm{c}) \end{cases}$$

を得る．(4.31a), (4.31b) を (4.31c) に代入すれば

$$\left(\dfrac{\partial^2}{\partial x^2} + \dfrac{\partial^2}{\partial y^2}\right)E_z + \omega^2\varepsilon\mu E_z = \nabla_T^2 E_z + k^2 E_z = 0 \tag{4.32}$$

となる．ここで，$\nabla_T^2 \triangleq \dfrac{\partial^2}{\partial x^2} + \dfrac{\partial^2}{\partial y^2}$ とおいた．また，$k \triangleq \omega\sqrt{\varepsilon\mu}$ は，第 3 章同様に平面波の波数を表す．

あるいは，電圧相当量 $V = E_z \cdot d$ を導入すると，(4.32) は

$$\nabla_T^2 V + k^2 V = 0 \tag{4.33}$$

と表すことができる．この式が，平面回路におけるヘルムホルツ方程式であり，平面回路を記述する基本となる．

4.2.3 境界条件

A：端子のない部分（開放境界）

導体表面の電流密度を (i_x, i_y) とすると，例えば図 4.17 のように x 軸に平行な境界部分では，$i_y = 0$ となる．一方磁界は，$H_y = i_x$，$H_x = -i_y$ の関係で電流と結びついているので，図のように $i_y = 0$ なら $H_x = 0$ である．よって，(4.31a) より $\partial E_z/\partial y = 0$ が言える．

一般に，図 4.17 のような開放境界では

$$\dfrac{\partial E_z}{\partial n} = \dfrac{\partial V}{\partial n} = 0 \quad (n は法線方向座標) \tag{4.34}$$

156   第 4 章　高周波回路素子

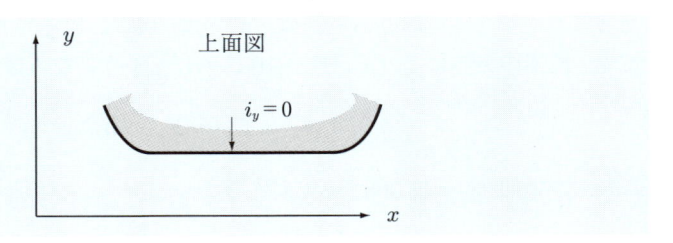

図 4.17　開放されている平面回路の端部

が境界条件となる．境界での微分の値を定めているという意味で，ノイマン境界条件である．

B：端子部分

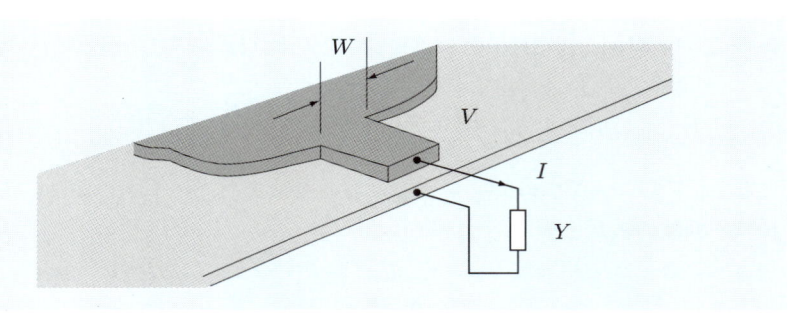

図 4.18　負荷 Y を繋いだ平面回路の端子部分

端子部分には負荷や電源等の外部回路を繋ぐため，外部回路を含めた全体でオームの法則が満たされる必要がある．今，端子にアドミタンス Y の負荷が繋がっているとすると（図 4.18），端子部における電圧 V，電流 I との間に，オームの法則 $YV = I$ が成立するはずである．一方，端子部を流れる電流と，ここに垂直に流れ出る表面電流密度 i_n，端子部の幅 W との間には，$I = W i_n$ の関係がある．さらに，i_n と端子面に平行な磁界成分 $H_\parallel$ は一対一に対応する（$i_n = H_\parallel$）ので，これらをまとめて

$$Y = \frac{I}{V} = \frac{W i_n}{V} = \frac{W H_\parallel}{V} \overset{(4.31b)}{=} -j \frac{W \frac{\partial V}{\partial n}}{(\omega \mu d) V} \tag{4.35}$$

の関係を得る．これが，端子部分で V に課された境界条件である．

　端子が短絡された場合は，$E_z = \frac{V}{d} = 0$ が境界条件となることは自明であろ

4.2.4 簡単な形状の共振器の共振周波数

次に，いくつかの簡単な形状の平面共振器について，具体例を見てゆこう．

A：矩形共振器

ヘルムホルツ方程式 (4.33) の一般解は，第 3 章の矩形導波管と同様の手続き，すなわち (3.69)～(3.72) のようにして得られる：

$$V = V_0 \begin{Bmatrix} \sin \\ \cos \end{Bmatrix} k_x x \cdot \begin{Bmatrix} \sin \\ \cos \end{Bmatrix} k_y y \tag{4.36}$$

ただし，

$$k_x^2 + k_y^2 = k^2 \tag{4.37}$$

である．導出は，章末問題としたい．

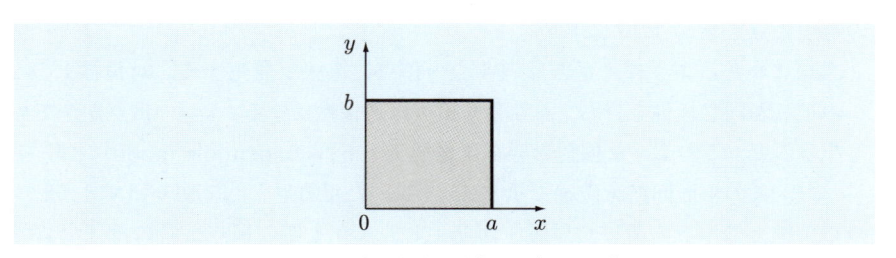

図 4.19 矩形平面共振器（上面図）

矩形平面共振器が図 4.19 の形状をしているとき，境界条件は

$$\left. \begin{array}{l} x = 0, a \text{ で} \quad \dfrac{\partial V}{\partial x} = 0 \quad \text{（開放境界）} \\ y = 0, b \text{ で} \quad \dfrac{\partial V}{\partial y} = 0 \quad \text{（開放境界）} \end{array} \right\}$$

となる．これを適用すると，(4.36) は，

$$V = V_0 \cos k_x x \cos k_y y \tag{4.38}$$

でなければならない．さらに，k_x, k_y は

$$k_x \cdot a = m\pi, \qquad k_y \cdot b = n\pi \tag{4.39}$$

の関係を満たす必要がある（m, n はゼロ以上の整数）．このとき，平面波の波数 k は

$$k = \sqrt{k_x^2 + k_y^2} = \pi\sqrt{\left(\frac{m}{a}\right)^2 + \left(\frac{n}{b}\right)^2}$$

なので，共振波長 λ_0 と矩形平面共振器のサイズとの間には，

$$\frac{2}{\lambda_0} = \sqrt{\left(\frac{m}{a}\right)^2 + \left(\frac{n}{b}\right)^2} \tag{4.40}$$

なる関係のあることがわかる．

正方形平面共振器

$a = b$（正方形）かつ $m = n = 1$ の場合には

$$\lambda_0 = \sqrt{2}a \tag{4.41}$$

つまり，対角線の長さが共振波長に等しいという簡単な関係になる．このときの電圧の様子を図 4.20 に示す．

図からわかるように，正方形の 4 つの頂点に電圧が発生する．対角線上の 2 つの頂点が同じ極性を持ち，隣り合う頂点は逆極性になる．4 つの頂点が全て極になるので，このような振動形態を **4 重極モード**（quadrupole mode）と呼ぶ．

一方，この平面回路を破線で示す 45 度傾いた正方形として切り出すと，1 つの対角線上の頂点の組にだけ電圧が発生し，もう 1 組の頂点は常に電圧ゼロであるような**双極子モード**（dipole mode）が得られる．双極子モードでは，正方形の辺の長さが共振波長の半分に対応する．

一般の場合

一般の矩形の場合，共振波長 λ_0 は (4.40) を用いて表される．$m = 0$, $n = 1$ の場合と，$m = 1$, $n = 0$ の場合について電圧分布をプロットすると，図 4.21 のようになる．これらの場合には，対向する辺上に，反対の極性の電圧が現れることがわかる．

図 4.20 で論じた双極子モードは，図 4.21 の 2 例の合成と考えられる．すなわち正方形平面共振器上で $(m, n) = (0, 1)$ モードと $(m, n) = (1, 0)$ モードを同時に励振することで初めて得られる．正方形共振器では，これら 2 つのモードは同じ共振周波数（共振波長）を有し縮退しているため，同期して振動することができる．

4.2 平面共振回路

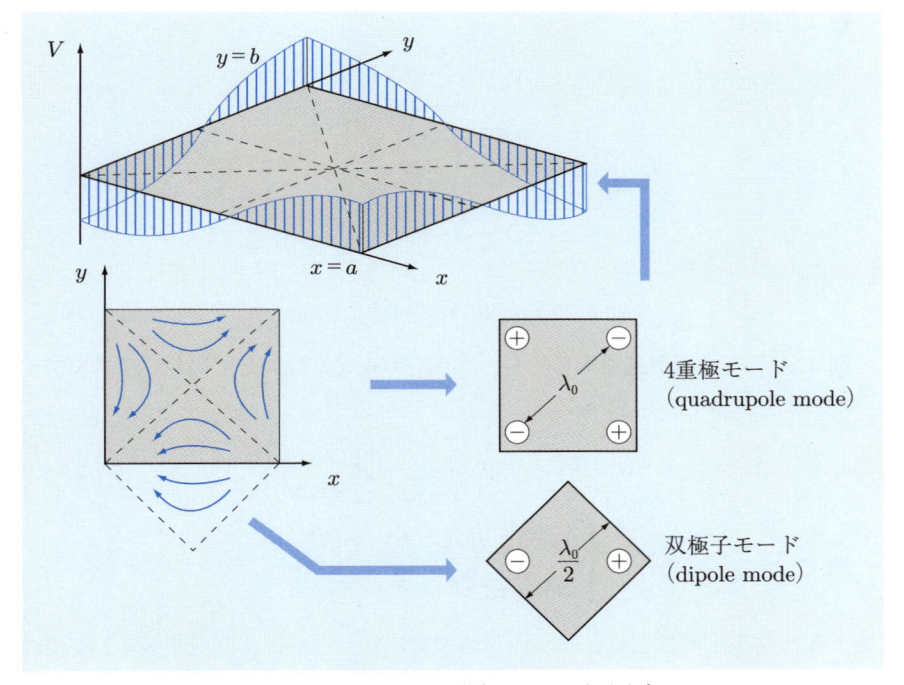

図 4.20 正方形平面共振器上の電圧分布

4重極モード (quadrupole mode)

双極子モード (dipole mode)

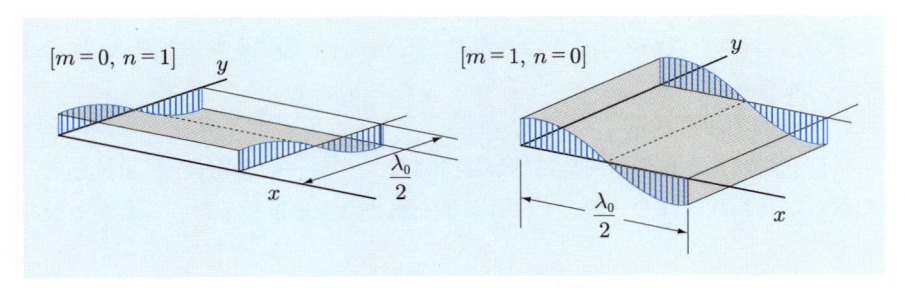

図 4.21 矩形平面共振器上の電圧の例

2つのモードの位相関係によっては，対角線上で直線的に振動するケースだけでなく，極が正方形の辺上を周回して移動するケースも生じ得る．このあたりの事情は，オシロスコープにおけるリサジュー図形が直線を描いたり，円（または楕円）を描いたりするのと同様である．

B：円形共振器

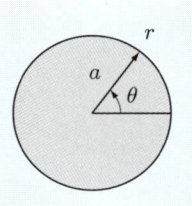

図 4.22 平面円形共振器（上面図）

図 4.22 に示す**円形共振器**の場合，ヘルムホルツ方程式を図の極座標系で解くことにより，電圧の一般解が

$$V(r,\theta) = V_0 J_n(k_{nm} \cdot r) \begin{Bmatrix} \cos n\theta \\ \sin n\theta \end{Bmatrix} \tag{4.42}$$

$$\begin{cases} n：周回方向のモード指数 \\ m：半径方向のモード指数 \end{cases}$$

のように求まる．ここで J は，円形導波管同様，ベッセル関数を表す．導出は数学の問題なので，他書に譲る．

このとき，開放端の境界条件は，$\frac{\partial}{\partial r} J_n(k_{nm} \cdot a) = 0$ と表される．これを満たす $k_{nm} \cdot a$ は数表から求めることができるので，対応する共振波長 λ_0 はそれから決定される．

C：一般の平面図形

平面回路形状が矩形や円形以外の場合には，グリーン（Green）関数を用いた解析が行われるほか，最近では計算機を用いた数値解析を行うことが一般的である．

4.2.5 平面共振器の無負荷 Q 値

(4.7)，(4.8) で見た通り，共振器 Q 値は，並列共振回路では $Q = \omega_0(C/G)$，直列共振回路では $Q = \omega_0(L/R)$ で与えられる．これらは，共振回路に蓄えられるエネルギーで表現すると統一的に，

$$Q = \omega_0 \cdot \frac{共振回路中の蓄積エネルギー}{1\,秒間に失われるエネルギー} \tag{4.43}$$

4.2 平面共振回路

と書くことができる（証明は練習問題としたい）．これを Q 値の一般的定義とすれば，集中定数回路に限らずどんな場合にも Q 値を計算することができる．

平面共振器における Q 値を求めてみよう．平面共振器の無負荷状態での損失は，誘電体損と導体損だけを考慮すればよいので，

$$Q^{-1} = \frac{\text{誘電体損} + \text{導体損}}{\omega_0 \langle \text{蓄積エネルギー} \rangle} = Q_d^{-1} + Q_c^{-1} \tag{4.44}$$

と書ける．ここで Q_d, Q_c はそれぞれ，誘電体損に起因する Q 値，導体損に起因する Q 値であり，$\langle \ \rangle$ は第 3 章と同じく時間平均を表す．

誘電体損

平面回路に充填されている誘電体の体積を V, 誘電体中の電界ベクトル，電束密度ベクトル，電流密度ベクトルを $\bm{E}$, $\bm{D}$, $\bm{i}$, 誘電体の導電率，誘電率を σ, ε, 共振角周波数を ω_0 とそれぞれすると，誘電体中で 1 秒間に失われるエネルギーと蓄積されているエネルギーの比をとることで，Q_d（の逆数）は次のように計算される：

$$\begin{aligned}Q_d^{-1} &= \frac{\iiint \langle \bm{E} \cdot \bm{i} \rangle \mathrm{d}V}{\omega_0 \iiint \langle \bm{E} \cdot \bm{D} \rangle \mathrm{d}V} = \frac{\langle \bm{E} \cdot \bm{i} \rangle}{\omega_0 \langle \bm{E} \cdot \bm{D} \rangle} = \frac{\langle \bm{E} \cdot \sigma \bm{E} \rangle}{\omega_0 \langle \bm{E} \cdot \varepsilon \bm{E} \rangle} \\ &= \frac{\sigma}{\omega_0 \varepsilon} = \tan \delta\end{aligned} \tag{4.45}$$

体積積分が取り払えるのは，平面回路中では $\bm{E}$ が一定値 E_z をとるためである．結果として，Q_d^{-1} は，誘電体の力率 $\tan\delta$ に等しいことがわかる．$\tan\delta$ は，通常の誘電体では，10^{-4} 程度の値をとるので，誘電体損に起因する Q 値は 10,000 程度になる．

導体損

δ を表皮深さ，H を平面回路内の磁界，S を導体の表面積，V を誘電体の体積とすると，導体損に起因する Q_c（の逆数）は，

$$Q_c^{-1} = \frac{1}{2} \frac{\delta \iint H^2 \mathrm{d}S}{\iiint H^2 \mathrm{d}V} \tag{4.46}$$

と表される．証明は次節で行う．平面回路では H も一定なので，結局

$$Q_c^{-1} = \frac{1}{2} \delta \frac{S_{\text{total}}}{V_{\text{total}}} = \frac{\delta}{d} \tag{4.47}$$

を得る．

すると，例えば $\delta = 0.5\,[\mu\mathrm{m}]$（銅），$d = 0.5\,[\mathrm{mm}]$ のとき，Q_c は 1,000 になる．誘電体損に起因する Q に比べて 1 桁小さい（$\underset{1,000}{Q_c} \ll \underset{10,000}{Q_d}$）．(4.44) からわかる通り，全体の Q 値は小さい方の Q で決まるので，結論として，銅を導体として使った平面回路の無負荷 Q 値は，1,000 程度ということになる．

4.2.6 端子をつけた平面回路共振器の等価回路

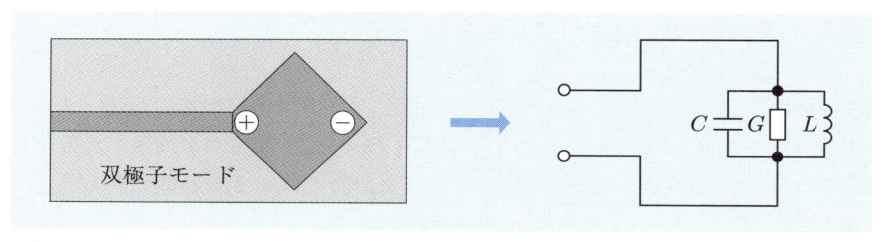

図 4.23 平面共振回路の等価回路

ここまでの議論により，平面共振回路の幾何学形状を知れば，共振角周波数 $\omega_0 = 2\pi c/\lambda_0$ および Q が求まることがわかった．しかし，図 4.23 のように平面共振回路を並列共振回路形の等価回路で置き換えようとする場合，C, G, L を定めるには，もう 1 つパラメータが必要である．

そこで，図の平面共振回路について，蓄積エネルギー ϵ を求めてみる．電界の保有するエネルギーと磁界のそれを ϵ_E, ϵ_H とすると，

$$\langle \epsilon \rangle = \langle \epsilon_E \rangle + \langle \epsilon_H \rangle = 2\langle \epsilon_E \rangle \tag{4.48}$$

である．正弦波動を考えているので，エネルギーの時間平均は，ピーク値の半分である：

$$\langle \epsilon_E \rangle = \frac{1}{2}\epsilon_{E\mathrm{peak}} \tag{4.49}$$

一方，電界エネルギーのピーク値は，平面共振回路内の電界ピーク値 $E_{z\mathrm{peak}}$ を全体積で積分することで得られる：

4.2 平面共振回路

$$\epsilon_{E\text{peak}} = \frac{1}{2}\varepsilon \iiint E_{z\text{peak}}^2 \mathrm{d}V \times 2 \text{ (上下空間)}$$
$$= \varepsilon d \iint E_{z\text{peak}}^2 \mathrm{d}S \quad (\because \quad \frac{\partial}{\partial z} = 0) \tag{4.50}$$

ここに ε は誘電体の誘電率を表す．(4.50) の面積分を図 4.23 の双極子モード (1辺 a) について実行すると

$$\iint E_{z\text{peak}}^2 \mathrm{d}S = \iint \left(\frac{E_{z\text{peak}}(\text{corner})}{2}\left(\cos\frac{\pi}{a}x + \cos\frac{\pi}{a}y\right)\right)^2 \mathrm{d}x\mathrm{d}y$$
$$= \frac{E_{z\text{peak}}^2(\text{corner})}{4}\iint \left(\cos^2\frac{\pi}{a}x + \cos^2\frac{\pi}{a}y + 2\cos\frac{\pi}{a}x\cos\frac{\pi}{a}y\right)\mathrm{d}x\mathrm{d}y$$
$$= \frac{E_{z\text{peak}}^2(\text{corner})}{4} \cdot a^2 = \frac{1}{4}\left(\frac{V_{\text{peak}}(\text{corner})}{d}\right)^2 \cdot S \tag{4.51}$$

となる．S は正方形の面積，corner は双極子の角での値である．よって蓄積エネルギー（時間平均）は，

$$\langle \epsilon \rangle = \epsilon_{E\text{peak}} = \frac{\varepsilon S}{4d}V_{\text{peak}}^2(\text{corner}) = \frac{\varepsilon S}{2d}V_{\text{corner,rms}}^2 \tag{4.52}$$

と表される（V_{rms} は電圧実効値）．

さて一方，等価回路中の C の値は，V_C を C の両端の電圧として

$$\langle \epsilon \rangle = 2\langle \epsilon_E \rangle = 2 \cdot \frac{1}{2}CV_{C,\text{rms}}^2 = CV_{C,\text{rms}}^2 \tag{4.53}$$

で与えられるはずなので，(4.52) と (4.53) を比較することによって

$$C = \frac{\varepsilon S}{2d} = \frac{1}{4}C_0 \tag{4.54}$$

を得る．ただし $C_0 \triangleq \frac{\varepsilon S}{d} \cdot 2$ で定義される C_0 は，平面回路の中心導体の上下空間を合わせた静電容量である．双極子モードに対応する並列共振回路の C は，平面回路が静電的に保有する容量に比べて 1/4 に低下することがわかる．双極子モードでは，片方の対角線上には電圧が発生しないので，正方形の面積一杯を使い切っていることにならないからである．

以上の結果，ω_0，Q，C の 3 つのパラメータが決定されたので，これらを用いて G，L は

$$\begin{cases} \omega_0 = \dfrac{1}{\sqrt{LC}} \\ G = \dfrac{\omega_0 C}{Q} \end{cases} \tag{4.55}$$

の関係から計算により求められる．双極子モードが励振されている正方形平面共振回路の等価回路が，こうして定まるわけである．この例に限らず，等価回路の容量 C は一般に

$$C = \dfrac{\langle \epsilon \rangle}{V_{C,\mathrm{rms}}^2} \tag{4.56}$$

から計算する．

例題 4.1

図 4.24 に示す 1 辺の長さが 1 cm，厚さが 0.5 mm の，双極子モードを用いた正方形平面共振器について，その無負荷 Q 値，共振周波数，並列共振回路とみなした際の等価容量，等価インダクタンス，等価コンダクタンスを求めよ．ただし，使われている誘電体の力率は 10^{-4}，比誘電率 ε_r は 1.5，導体は銅で表皮深さ δ は $0.5\,\mu\mathrm{m}$ とする．

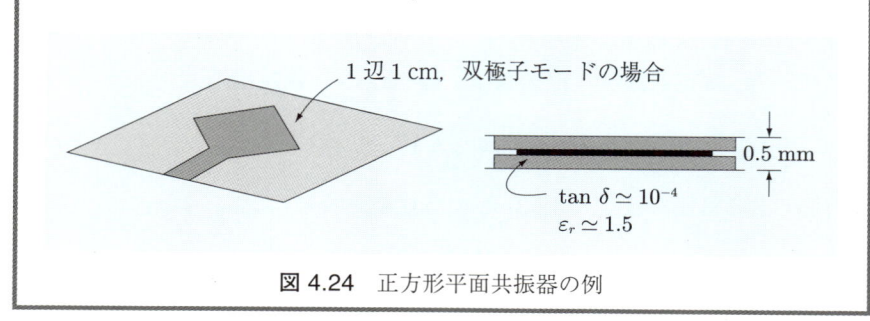

図 4.24 正方形平面共振器の例

【解答】 この共振器の無負荷 Q 値は，$d = 0.25\,[\mathrm{mm}]$，$\delta = 0.5\,[\mu\mathrm{m}]$，$\tan\delta = 10^{-4}$ なので，

$$Q_d = (\tan\delta)^{-1} = 10000, \qquad Q_c = \dfrac{0.25\,[\mathrm{mm}]}{0.5\,[\mu\mathrm{m}]} = 500$$

$$\therefore \quad Q = (Q_d^{-1} + Q_c^{-1})^{-1} \simeq 480$$

となる．また，$a = 1\,[\mathrm{cm}]$ なので共振波長 $\lambda_0 = 2\,[\mathrm{cm}]$ である．これを自由空

間波長に直すと，
$$2 \times \sqrt{\varepsilon_r} = 2 \times \sqrt{1.5} \sim 2.5 \quad [\text{cm}]$$

従って共振周波数 f_0 は，
$$f_0 = \frac{光速}{2.5\,[\text{cm}]} = 12 \quad [\text{GHz}]$$

静電容量は
$$C_0 = \frac{2\varepsilon S}{d} = 2 \times 1.5 \times 8.85 \times 10^{-12} \times \frac{10^{-4}}{0.25 \times 10^{-3}} \cong 10.6 \quad [\text{pF}]$$

よって，双極子モードに対する並列共振回路としての等価容量を
$$C \cong \frac{10.6}{4} = 2.7 \quad [\text{pF}]$$

と求めることができる．以上より，等価インダクタンス，等価コンダクタンスは
$$L = \frac{1}{\omega_0^2 C} \cong 0.07 \quad [\text{nH}]$$

$$G = \frac{\omega_0 C}{Q} \cong 4.2 \times 10^{-4} \quad [\mho] \quad または \quad G^{-1} \cong 2.4 \quad [\text{k}\Omega]$$

となる．

4.2.7 フィルタ回路への応用

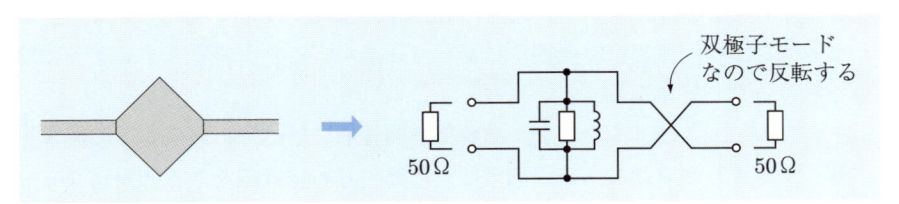

図 4.25 正方形平面共振回路の双極子モードによる透過形フィルタ

次に，平面共振回路をフィルタとして用いるケースを考えてみよう．図 4.25 は，正方形平面共振器の双極子モードを利用した**透過形フィルタ**とその等価回路を示す．等価回路で，出力（右）側の極性を反転させてあるのは，双極子モードにおいて 2 つの対向する頂点に現れる電圧が，常に逆極性であることを表す

第4章 高周波回路素子

ためである.

さて，一般に負荷が繋がった状態の Q 値（負荷 Q 値）を Q_L とすると，(4.44) を拡張して，

$$Q_L^{-1} = \underbrace{Q_d^{-1} + Q_c^{-1}}_{Q^{-1}} + Q_{\text{ext}}^{-1} \tag{4.57}$$

のように書けるであろうことは容易に想像できる．ここで Q_{ext}^{-1} は，負荷（外部回路）により失われるエネルギーで決まる Q 値（の逆数）である．

等価回路と (4.55) から，

$$Q_{\text{ext}}^{-1} = \frac{G_{\text{ext}}}{\omega C} \tag{4.58}$$

と表すことができる．G_{ext} は外部回路のコンダクタンスである．

前節の例で取り上げた共振器に，特性インピーダンスが $50\,\Omega$ の伝送線路をつないだとすると，共振器自体の抵抗 $G^{-1} = 2.4\,[\text{k}\Omega]$ に，$50\,\Omega$ の抵抗が入力側と出力側に並列に繋がることになるので，$G_{\text{ext}}^{-1} = 25\,[\Omega]$ となる．よって

$$\frac{Q}{Q_{\text{ext}}} = \frac{2.4\,[\text{k}\Omega]}{25\,[\Omega]} \sim 100$$

これから負荷 Q 値 Q_L を計算すると，

$$Q_L = \left(\frac{1}{480} + \frac{1}{4.8}\right)^{-1} \sim 4.8$$

と著しく小さな値になってしまう．これでは共振器として使い物にならない．こうなってしまった原因は，共振器にとって「重すぎる」負荷をダイレクトに繋いでしまったことにある．

それなので，このような場合には負荷を間接的に繋いで，共振器への影響を小さくすることが有効である．例えば，前節の分布定数線路共振回路にならって，直列に容量を挿入する（切り欠きを入れる）と，負荷の影響を和らげることができる（図 4.26）.

共振器1つでは十分な Q 値が得られない場合には，図 4.27 に示すように，共振器を多段に接続して Q 値をかせぐ方法もある．

他方，フィルタの透過特性を，別のパラメータで制御するやり方もある．その一例を図 4.28 に示す．ここでは，入出力ポートを対角線上ではなく隣り合う

4.2 平面共振回路

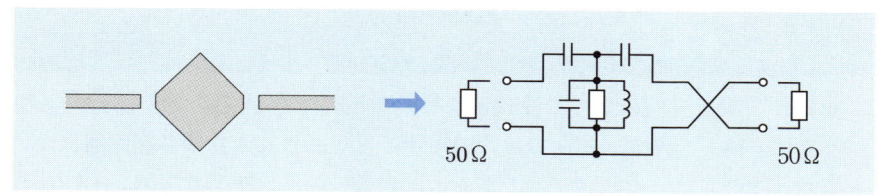

図 4.26 容量を介して外部回路と結合した平面共振回路

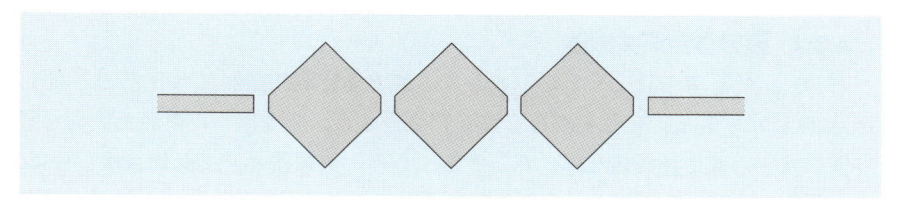

図 4.27 多段形平面共振回路

頂点上に設けている．このとき，入出力ポートはそれぞれ別の（直交する）双極子モードと繋がっているので，互いに独立であって，通常は電力をやりとりすることはない．

しかし，ここで図に示すような何らかの対称性を壊す構造（perturber）を付加すると，独立であった双極子モード同士が結合するようになり，双極子モード間で電力をやりとりし始める．結果，共振周波数近傍で入力ポートから出力ポートへ電力が透過するようになる．透過特性は，perturber の形状等で変えることができる．

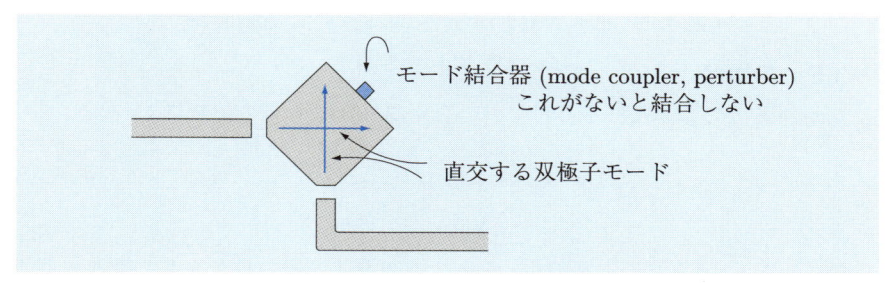

図 4.28 結合モード形平面共振回路

4.3 立体共振回路（空洞共振器）

空間の3次元方向の全てに波長と同等のサイズである回路（第4分類回路）が「立体回路」である．本節では，導波管から形成される**立体共振回路**について学ぶ．これらは，中身が空洞であることが多いので，**空洞共振器**とも呼ばれている．

4.3.1 直方体空洞共振器

初めに，矩形導波管をもとに形成される**直方体空洞共振器**について考えよう．図4.29に示す幅a，高さbの矩形導波管を長さcに切り出し，前面と後面を導体壁で塞いだ直方体構造を作ったとする．むろん共振器として動作させるには，直方体の中に電力を入れたり，中から電力を取り出したりする外部との結合（例えば穴）が必要であるが，それについては後述する．

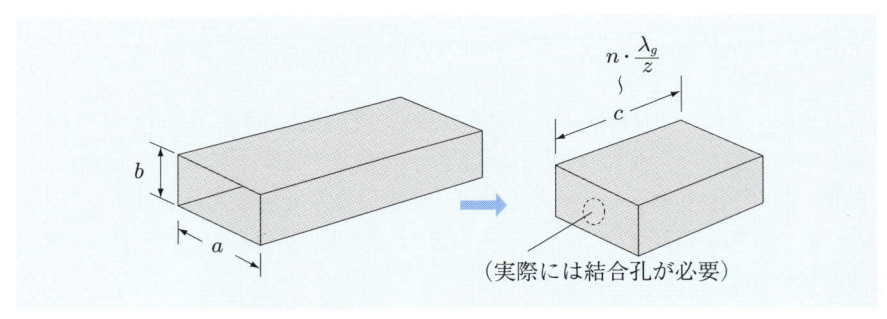

図 4.29 矩形導波管から作られる直方体空洞共振器

TE$_{10}$ の場合

矩形導波管の基本モード TE$_{10}$ の場合，(3.96) より管内波長は

$$\lambda_g = \frac{\lambda}{\sqrt{1 - (\lambda/\lambda_c)^2}}$$

である（λ_c は導波管の遮断波長）．ここで空洞共振器の長さcが，管内波長の半分の整数倍，すなわち

$$\frac{\lambda_g}{2} \cdot n = c$$

であれば，伝搬方向（z 方向）に定在波が形成され得る（c を光速 c と混同しないように注意）．

両式を連立して λ_g を消去し，(3.93) と合わせると

$$\frac{1}{\lambda^2} = \frac{1}{\lambda_c^2} + \frac{n^2}{(2c)^2} = \frac{1}{(2a)^2} + \frac{n^2}{(2c)^2} \tag{4.59}$$

あるいは

$$\frac{1}{(\lambda/2)^2} = \frac{1}{a^2} + \frac{1}{(c/n)^2} \tag{4.60}$$

を得る．この式から決定される λ が，この直方体空洞共振器の共振波長 λ_0 である．共振周波数 f_0 はもちろん，光速/λ_0 で計算される．よって，共振周波数は「箱」の寸法 a, c と共振モード指数 n によって一意に決まる．このモードを TE_{10n} と呼ぶ．3 次元方向の全てに定在波条件を課す結果，モード指数が 3 つ必要になったことに注意して欲しい．

一般の場合

TE_{mnp}, TM_{mnp} モードにつき，その共振波長と寸法の間に

$$\frac{1}{(\lambda_0/2)^2} = \frac{1}{(a/m)^2} + \frac{1}{(b/n)^2} + \frac{1}{(c/p)^2} \tag{4.61}$$

が成立することは容易に示せるので，章末問題とする．

図 4.29 右のようにひとたび金属箱になってしまえば，どの辺を幅，高さ，長さと呼ぶかは自由になる．つまり，a, b, c のとり方を適当に交換すれば，TM が実は TE であったり，TE が実は TM であったりする．モード名の付け方は，電磁界を見る方向によって異なる，相対的なものであることに注意して欲しい[*]．例えば図 4.30 の TM_{110}, TE_{101}, TE_{011} の 3 モードは，名前こそ異なるが，電磁界分布の観点からは極めて類似したモードである．

特に $a = b = c$（立方体）のときは，(4.61) より

$$\lambda_{101} = \lambda_{011} = \lambda_{110} = \sqrt{2}a \tag{4.62}$$

と，共振波長が共通になる．導波管では，異なるモードが同一の遮断周波数を有する場合，これらのモードは「縮退している」と言ったが（94 ページ参照），共

---

[*] TE や TM の T の字は，あくまで z 軸に transverse（垂直）な平面の意味である．

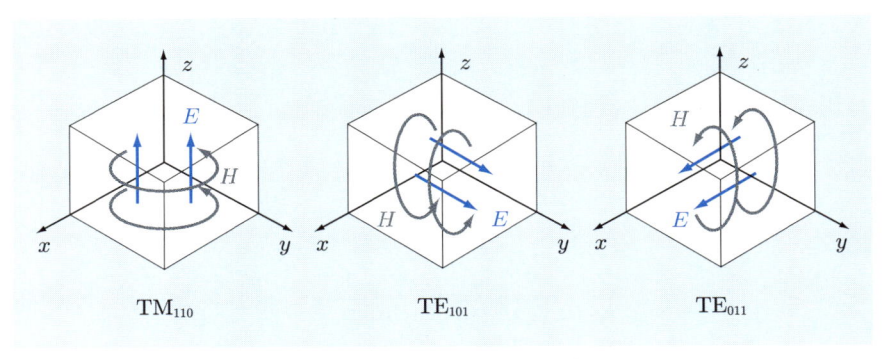

図 4.30　直方体空洞共振器中の類似モード

振器では，異なるモードが同一の共振周波数（共振波長）を有する場合に「縮退している」と言う．立方体共振器では，図 4.30 の 3 つのモード（TE_{101}，TE_{011}，TM_{110}）は従って縮退している．

例題 4.2

$a = \lambda_c/\sqrt{4}\,(2a = \lambda_c)$，$b = \lambda_c/\sqrt{5}$，$c = \lambda_c/\sqrt{3}$ のとき，各共振モードの共振周波数 f を求めよ．

【解答】　(4.61) に $a = \lambda_c/\sqrt{4}$，$b = \lambda_c/\sqrt{5}$，$c = \lambda_c/\sqrt{3}$ を代入すると，

$$\frac{f}{f_c} = \sqrt{m^2 + \frac{5}{4}n^2 + \frac{3}{4}p^2}$$

これに (m, n, p) の小さい組み合わせから代入して行くと，図 4.31 を得る．最も低い共振周波数は，TE_{101} に対する $1.32 f_c$ である．

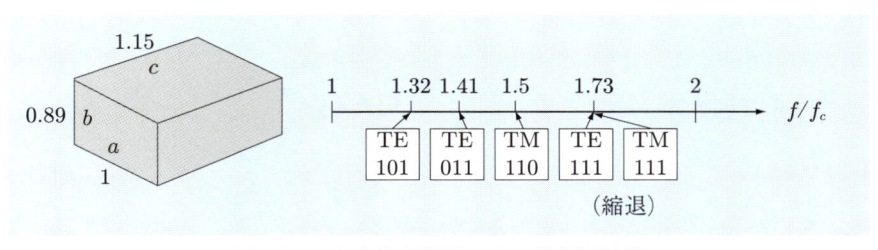

図 4.31　直方体共振器とその共振周波数

4.3.2 円筒形空洞共振器

矩形導波管ではなく円形導波管に基づいて空洞共振器を形成することもできる．この場合，ある長さに区切って入口と出口を金属壁で塞ぐと，海苔の缶のような円筒形になる．

円筒形共振器の解析も，円形導波管や円形平面共振器同様，ベッセル関数を

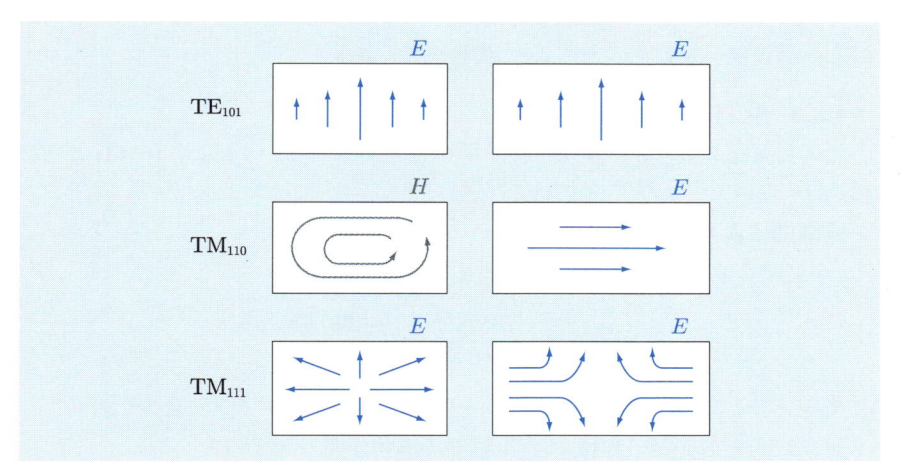

図4.32 直方体共振器

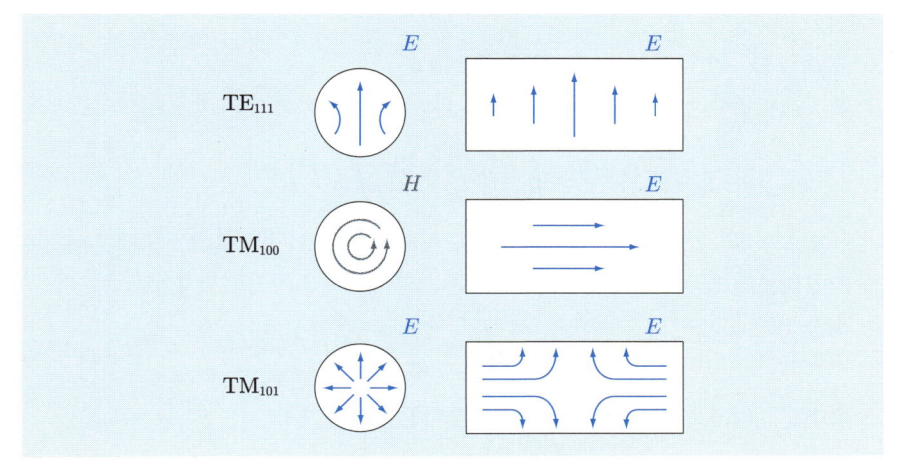

図4.33 円筒形共振器

用いたやや複雑な数学的手続きが必要である．ここでは電磁界の概要のみを示すにとどめる．

図4.32, 4.33に，前節の直方体空洞共振器のいくつかのモードの電磁界の様子と，それに対応する円筒形空洞共振器モードの電磁界をそれぞれ示す．各図で左側はz軸に垂直な（transverse）平面内の様子，右側はz方向断面内の様子を示している．モード指数の違いをさておけば，直方体内のモードと円筒内のモードに強い類似性のあることが理解されよう．

4.3.3 空洞共振器の損失

立体共振器の場合も，(4.43)によりQが定義される．すると，(4.44)と同様に，$Q^{-1} = Q_c^{-1} + Q_d^{-1}$と書ける．

導体損によるQ値（Q_c）

ϵを蓄積エネルギーとすると，Q_c（の逆数）は，

$$Q_c^{-1} = \frac{-\Delta\epsilon/\Delta t}{2\pi f\, \epsilon} = \frac{(-\Delta\epsilon)_{\text{cycle}}}{2\pi\epsilon} \tag{4.63}$$

となる．ここに，$(-\Delta\epsilon)_{\text{cycle}}$は，1周期あたりのエネルギー減衰量を表す．

一方，Vを共振器の体積，ϵ_{H}を磁界のエネルギーとすると，ϵは

$$\epsilon = 2\epsilon_{\text{H}} = 2\int_V \frac{1}{2}\mu\langle H^2\rangle \mathrm{d}V \tag{4.64}$$

と表される．$\langle\ \rangle$は前同様，時間平均を指す．

さて共振器壁全体のジュール損失Lは，(3.148)と同様に

$$L = R_{\text{S}}\int_S \langle i^2\rangle \mathrm{d}S = R_{\text{S}}\int_S \langle H^2\rangle \mathrm{d}S \tag{4.65}$$

と計算される．ただし$R_{\text{S}} \triangleq 1/(\delta\sigma)$は表皮抵抗，$i$は表面電流，$S$は共振器内壁の表面積である．これより，1周期あたりのエネルギー減衰量が

$$(-\Delta\epsilon)_{\text{cycle}} = \frac{L}{f} = \frac{2\pi}{\omega}\frac{1}{\delta\sigma}\int_S \langle H^2\rangle \mathrm{d}S \tag{4.66}$$

と求まる．(4.63), (4.64), (4.66)を合わせて，Q_c^{-1}が

$$Q_c^{-1} = \frac{1}{2\pi}\frac{2\pi}{\delta\sigma\omega}\int_S \langle H^2\rangle \mathrm{d}S / (\mu\int_V \langle H^2\rangle \mathrm{d}V)$$

4.3 立体共振回路（空洞共振器）

$$= \frac{\delta}{2} \iint_S \langle H^2 \rangle \mathrm{d}S \Big/ \iiint_V \langle H^2 \rangle \mathrm{d}V \tag{4.67}$$

のように計算される．ここで，$\delta \triangleq \sqrt{2/(\omega\mu\sigma)}$ の関係 (3.36) を用いた．

誘電体損による Q 値（Q_d）

空洞共振器の内部を満たしている誘電体（通常は空気）の誘電率，導電率をそれぞれ ε, σ，共振器の体積を V，電界を E，電界エネルギーを ϵ_E，共振周波数を f_0 として，蓄積エネルギー ϵ および 1 周期あたりのエネルギー損失 $(-\Delta\epsilon)_\text{cycle}$ を求めると

$$\epsilon = 2\epsilon_E = 2\int_V \frac{1}{2}\varepsilon \langle E^2 \rangle \mathrm{d}V \tag{4.68}$$

$$(-\Delta\epsilon)_\text{cycle} = \frac{1}{f_0}\int_V \sigma \langle E^2 \rangle \mathrm{d}V \tag{4.69}$$

となる．従って，誘電体損による Q 値は

$$Q_d^{-1} = \frac{1}{2\pi} \frac{\frac{\sigma}{f_0}\int\langle E^2\rangle \mathrm{d}V}{\varepsilon \int\langle E^2\rangle \mathrm{d}V} = \frac{\sigma}{\omega_0 \varepsilon} = \tan\delta \tag{4.70}$$

と求まる．(4.45) と同じであることに留意して欲しい．

同じ結果は，等価回路を用いた考察でも導出することができる．すなわち，空洞共振器の内部を満たしている誘電体の素片を，図 4.34 のようにモデル化したとすると，素片等価回路の容量 c とコンダクタンス g はそれぞれ

$$c = \varepsilon \frac{\Delta S}{\Delta l}, \qquad g = \sigma \frac{\Delta S}{\Delta l} \tag{4.71}$$

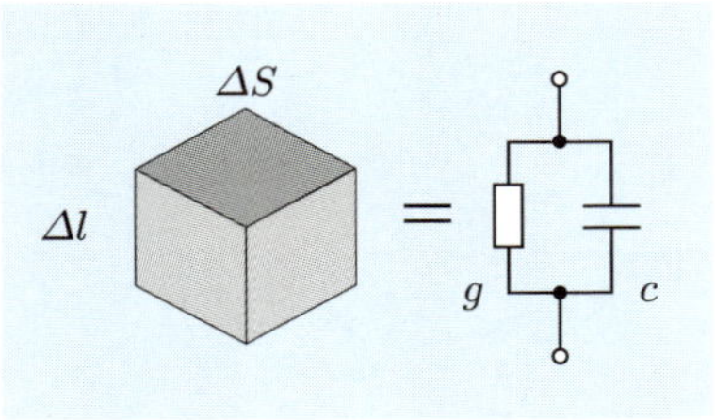

図 4.34 誘電体素片の等価回路

と表すことができる．一方 ϵ および $(-\Delta\epsilon)_\text{cycle}$ は

$$\epsilon = 2\epsilon_E = 2 \times \Sigma \frac{1}{2} c \langle V^2 \rangle \tag{4.72}$$

$$(-\Delta\epsilon)_\text{cycle} = \frac{1}{f_0} \Sigma g \langle V^2 \rangle \tag{4.73}$$

と表されるので，(4.71) と合わせて，Q 値は

$$Q_d^{-1} = \frac{g}{2\pi f_0 c} = \frac{\sigma}{\omega_0 \varepsilon} = \tan\delta \tag{4.74}$$

と計算され，同じ結果に至る．

4.3.4 外部回路との結合

図 4.29 に示す形態のように空洞を完全に閉じてしまうと，外部とのエネルギーのやりとりがなく，共振器としては意味がなくなる．実際には，図 4.35 に示すように，エネルギーを入れる（取り出す）「孔（あな）」ないし「**まど**」を設けて利用する．図 4.36 には，矩形導波管に基づいて形成される直方体共振器の「まど」の形の例をいくつか示している．結合量は「まど」を開ける量に応じて変わり，当然大きく開ければ強結合に，小さくすれば弱結合になる．「まど」がスリット形状の場合，その方向によって，誘導性の結合と容量性の結合を使い分けることができる．

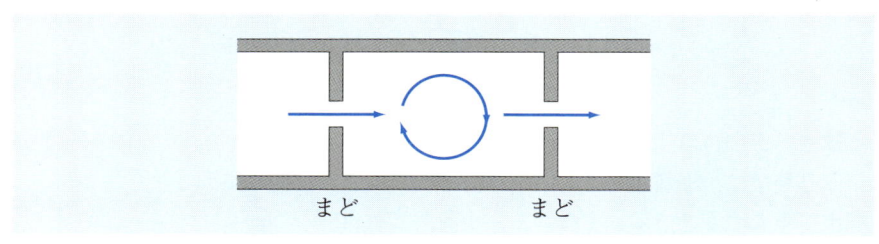

図 4.35 空洞共振器と外部回路との結合

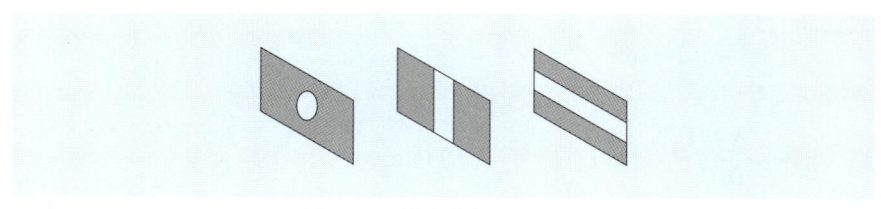

図 4.36 結合まどの形の例

「まど」が誘導性結合の場合の，電源，伝送線路，共振器，負荷を含めた等価回路の一例を図 4.37 に示す．結合の強弱を，トランスの巻き線比 n, n' で表している．空洞共振器の無負荷 Q 値と，電源および負荷のインピーダンスに起因する外部 Q 値をそれぞれ Q, Q_ext, Q'_ext とすると，それらは

4.3 立体共振回路（空洞共振器）

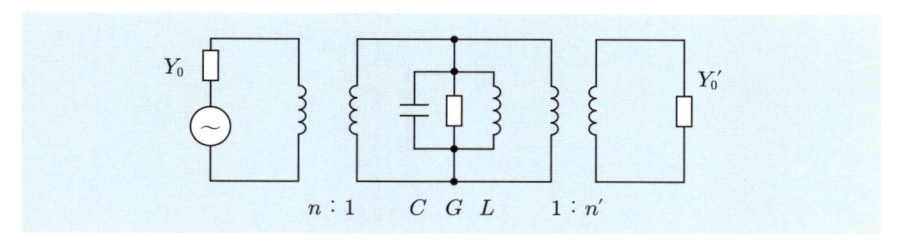

図 4.37 外部回路と結合した空洞共振器の等価回路例

$$\left.\begin{array}{l} Q^{-1} = \dfrac{G}{\omega C} \\[4pt] Q_{\text{ext}}^{-1} = \dfrac{n^2 Y_0}{\omega C} \\[4pt] Q_{\text{ext}}'^{-1} = \dfrac{n'^2 Y_0'}{\omega C} \end{array}\right\} \tag{4.75}$$

のように等価回路パラメータから計算することができる．これらを用いて，全体の Q 値（負荷 Q 値）Q_L が

$$Q_L^{-1} = Q^{-1} + Q_{\text{ext}}^{-1} + Q_{\text{ext}}'^{-1} \tag{4.76}$$

で計算される．負荷が「重く」共振器が働かない場合には，n, n' を調整して「軽く」してやる必要があることは，前節と同様である．

4.3.5 実際の共振器

空洞共振器の利用形態としては，大きく分けて，1つの「まど」でエネルギーの入口と出口を兼ねる「1ポート形」（図 4.38）と，エネルギーの入口と出口をそれぞれ設ける「2ポート形」（図 4.39）がある．

波長計等，カスケードに接続する必要性が小さい用途の場合や，**発振器**のよ

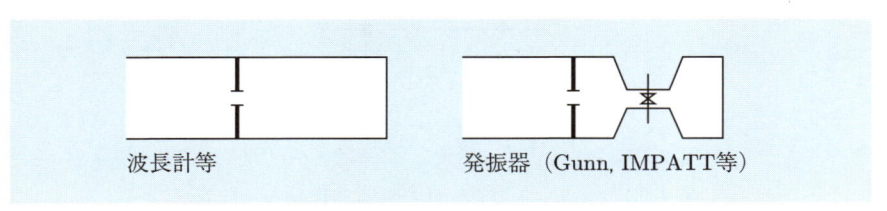

図 4.38 1 ポート形空洞共振回路の例（波長計等／発振器（Gunn, IMPATT等））

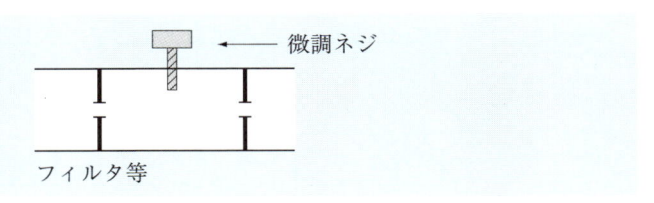

図 4.39 2ポート形空洞共振回路の例

うにそもそも出口しか必要としない場合には，1ポート形の形態をとることが多い．一方，透過形フィルタ等，カスケード接続が前提の用途にはもちろん2ポート形が便利である．

図4.38の発振器の例は，空洞共振器内にガン（Gunn）ダイオードやIMPATTダイオード[*]等の能動素子を組み込んで，共振周波数に対応するマイクロ波電力を生成，増幅するものである．図4.39の例は，導波管の側面にネジを設けて，これによって共振周波数を微調整可能にした透過形チューナブルフィルタである．

4.3.6 共振器の扱い方のまとめ

4.1節から4.3節で様々な共振器を学んできたところで，共振器の扱い方を整理し直してみると，次の2つのアプローチにまとめられることに気付く：

> (1) 孤立した共振器が存在すると考え，それに入力，出力端子がついたと考える方法
> (2) 線路を区切って共振器を作る方法（図4.40）

前者のアプローチをとったのが，集中定数回路や平面回路であった．一方，分布定数線路回路や立体回路では，後者のアプローチをとった．これらは，取り扱いの容易さに応じて使い分けているのが実状であり，また得策と言える．

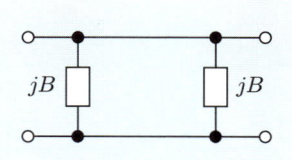

図 4.40 線路を区切って作られる共振器の一般表現

---

[*] IMPact ionization Avalanche Transit-Time diode

4.4 モード結合理論

本章の最後に，**モード結合理論**（coupled mode theory）を学ぶ．これまでの各章で見てきた通り，電磁波のモードは独立性が高く，各モードは単独でエネルギーを保持し，他のモードとの間でエネルギーをやりとりしたり，他のモードと一緒になってエネルギーを運ぶことはない．しかし，例えば4.2.7項で見たようなわざと対称性を乱すような構造を導入することで，もともと独立であったモード同士がエネルギーをやりとりするように仕向けることも可能である[*]．

モード結合理論は，モード間の結合が比較的小さい場合のモード間のエネルギーのやりとりを記述する有効なやり方として知られており，また実際，モード間の結合を利用した高周波回路素子の解析に頻繁に利用されている．

さてここで改めて，電信方程式 (2.4), (2.5) を，電流電圧の関係ではなく，進行波 a と後退波 b の関係として表してみる．(2.86) を代入することによって

$$\begin{cases} -\sqrt{Z_0}\dfrac{\mathrm{d}}{\mathrm{d}z}(a+b) = Z(a-b)/\sqrt{Z_0} & \to & -\dfrac{\mathrm{d}}{\mathrm{d}z}(a+b) = j\beta(a-b) \\ -\dfrac{1}{\sqrt{Z_0}}\dfrac{\mathrm{d}}{\mathrm{d}z}(a-b) = Y(a+b)\sqrt{Z_0} & \to & -\dfrac{\mathrm{d}}{\mathrm{d}z}(a-b) = j\beta(a+b) \end{cases}$$

を得る．ただしここで，$Z_0 = \sqrt{Z/Y}$ （式 (2.20)），$\gamma \cong \underset{(\alpha \sim 0)}{j\beta} = \sqrt{ZY}$ （式 (2.9)）を用いた．

以上より，

$$\begin{cases} \dfrac{\mathrm{d}a}{\mathrm{d}z} = -j\beta a & \text{（進行波）} \\ \dfrac{\mathrm{d}b}{\mathrm{d}z} = j\beta b & \text{（後退波）} \end{cases} \tag{4.77}$$

となる．すなわち，電信方程式の言わんとしていたところは，進行波は進行波，後退波は後退波だけでそれぞれ勝手に微分方程式 (4.77) を満たしさえすればよ

---

[*] 特殊な構造が付与された新しい境界条件でヘルムホルツ方程式を解くと，付与前とは別の固有モードの組が得られ，それらが同時に存在し干渉することで，あたかもモード同士がエネルギーをやりとりし始めたかのように見える，というのが厳密には正しい描像である．しかし特殊構造が小さい，すなわち結合が小さい場合には，ここで論じるモード結合理論の考え方の方が便利である．

く，一方の存在が相手に影響を及ぼすようなクロスタームはない，ということであった．進行波と後退波が同じ線路に同居しながら，お互いに相手の存在を気にしないでいられるのは，このことが根底にある．

4.4.1　2つの進行波同士の結合

今，線路に2つの進行波モード a_1 と a_2 が同時に存在していたとしよう．通常であれば，これらはそれぞれが (4.77) を満たせばよく，互いに独立である．しかし何らかの要因で，a_1 と a_2 がわずかに相手に影響を与えるようになった状況を想定しよう（図 4.41）．そのような状況は，例えばもともと独立であった2つの線路を平行に束ねて1つの線路とした際の，もともとの線路のモード同士に発生する．

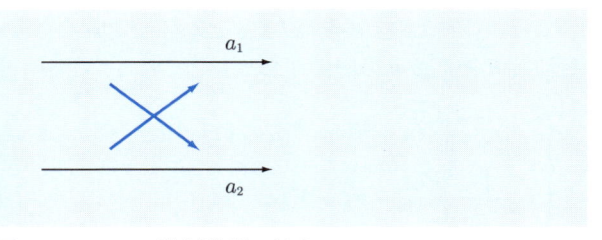

図 4.41　2つの進行波間の結合

影響がそれほど大きくなければ，基本的挙動は (4.77) で決まり，相手の影響は摂動的に追加すればよい，と考えられるので

$$\begin{cases} \dfrac{da_1}{dz} = -j\beta_1 a_1 + c_{12} a_2 \\ \dfrac{da_2}{dz} = -j\beta_2 a_2 + c_{21} a_1 \end{cases} \tag{4.78}$$

のように表すことにする．両式の右辺第2項が，(4.77) に追加された相手の影響を表す項であり，影響の度合いを示す係数 c_{12}, c_{21} を**結合係数**と呼んでいる．c_{12} は，a_2 が a_1 に及ぼす影響度合い，c_{21} は，a_1 が a_2 に及ぼす影響度合いを表している．(4.78) は**結合モード方程式**（coupled mode equations）と呼ばれる，モード結合理論の中核をなす式である．

線路が無損失であれば，2つの波によって運ばれる電力は一定であるから

4.4 モード結合理論

$$|a_1|^2 + |a_2|^2 = 定数 \tag{4.79}$$

のはずである．これを z で微分すると

$$\frac{da_1^*}{dz}a_1 + a_1^*\frac{da_1}{dz} + \frac{da_2^*}{dz}a_2 + a_2^*\frac{da_2}{dz} = 0 \tag{4.80}$$

となる．これに，(4.78) を代入すると

$$\begin{aligned}
&(j\beta_1 a_1^* + c_{12}^* a_2^*)a_1 + a_1^*(-j\beta_1 a_1 + c_{12}a_2) \\
&+ (j\beta_2 a_2^* + c_{21}^* a_1^*)a_2 + a_2^*(-j\beta_2 a_2 + c_{21}a_1) \\
&= (c_{12}^* + c_{21})a_2^* a_1 + (c_{12} + c_{21}^*)a_1^* a_2 = 0
\end{aligned}$$

を得る．a_1, a_2 は励振の仕方によって任意なので，上記が常に成立するには

$$c_{12} = -c_{21}^* \tag{4.81}$$

である必要がある．2つの結合係数は，エネルギー保存則を前提にすると，もはや独立ではあり得ないということを示している．

次に a_1, a_2 に $e^{-\gamma z}$ 形の解を仮定し，(4.78) に代入すると

$$\begin{cases} -\gamma a_1 = -j\beta_1 a_1 + c_{12}a_2 \\ -\gamma a_2 = -j\beta_2 a_2 + c_{21}a_1 \end{cases} \tag{4.82}$$

となって，行列で表すと

$$\begin{pmatrix} \gamma - j\beta_1 & c_{12} \\ c_{21} & \gamma - j\beta_2 \end{pmatrix} \begin{pmatrix} a_1 \\ a_2 \end{pmatrix} = O \tag{4.83}$$

これが $a_1 = a_2 = 0$ 以外の解を持つためには，行列式 $= 0$，つまり

$$(\gamma - j\beta_1)(\gamma - j\beta_2) - c_{12}c_{21} = 0 \tag{4.84}$$

これを γ について解くと

$$\gamma = j\frac{\beta_1 + \beta_2}{2} \pm j\sqrt{\left(\frac{\beta_1 - \beta_2}{2}\right)^2 - c_{12}c_{21}} \tag{4.85}$$

を得る．プラスとマイナスの2つの解をそれぞれ γ_1, γ_2 とすれば，a_1 の一般

解は $e^{-\gamma_1 z}$, $e^{-\gamma_2 z}$ の一次結合，すなわち $A_1 e^{-\gamma_1 z} + A_2 e^{-\gamma_2 z}$ と求められ，これを (4.78) の上の式に代入すれば，a_2 が求まる：

$$\left.\begin{array}{l} a_1 = A_1 e^{-\gamma_1 z} + A_2 e^{-\gamma_2 z} \\ a_2 = \dfrac{j\beta_1 - \gamma_1}{c_{12}} A_1 e^{-\gamma_1 z} + \dfrac{j\beta_1 - \gamma_2}{c_{12}} A_2 e^{-\gamma_2 z} \end{array}\right\} \quad (4.86)$$

ここで A_1，A_2 は境界条件により決まる積分定数である．また，(4.81) の制約のもとでは，(4.85) は

$$\gamma = j \left(\frac{\beta_1 + \beta_2}{2} \pm \sqrt{\left(\frac{\beta_1 - \beta_2}{2}\right)^2 + |c_{12}|^2} \right) \quad (4.87)$$

と若干簡略化される．

さて，第 3 章で学んだように，位相定数 β は一般に（角）周波数 ω の関数であって，モード毎に異なる．進行波 1 と 2 の <u>結合前</u> の位相定数 β_1 と β_2 も一般には異なる．今，β_1 と β_2 が ω に対し，図 4.42 に示すように直線的に変化し，ω_c で交差しているとしよう（そこでの β を β_c とする）．そこでは進行波 1 と 2 の（結合前の）位相定数および波長が一致する．その意味でこの点を「同期点」と称する．この状態では，2 つのモードの位相が同期するため，モード間相互作用が最大になると考えられる．

(4.87) を使って，同じ図の中に <u>結合後</u> の波動の位相定数 $\mathrm{Im}(\gamma_1)$, $\mathrm{Im}(\gamma_2)$ をプロットすると，図に示すような β_1, β_2 の直線に漸近する双曲線になる．ω_c

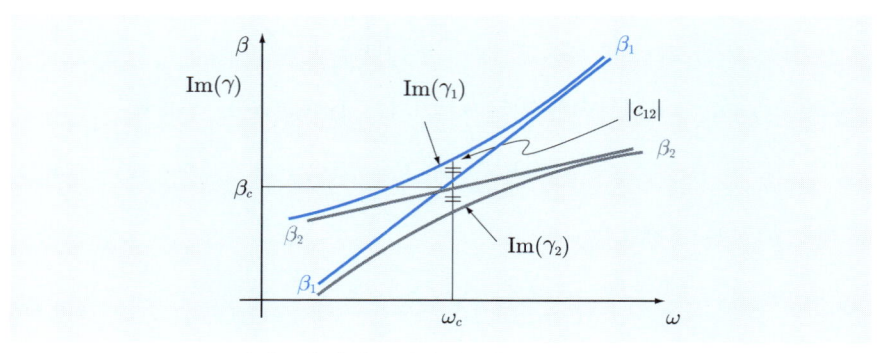

図 4.42 同方向に伝搬する結合波の位相定数と角周波数の関係

4.4 モード結合理論

では，(4.87) より

$$\mathrm{Im}(\gamma_{1\text{ or }2}) = \beta_c \pm |c_{12}| \tag{4.88}$$

となる．進行波 1 と 2 が結合した結果，独立だった際の位相定数に比べ，結合係数の大きさ分だけ位相定数が大きく（または小さく）なるわけである．同期点から離れるにつれ，$\mathrm{Im}(\gamma_1)$, $\mathrm{Im}(\gamma_2)$ は β_1 または β_2 に漸近し，結合する前の状況に近づく（それぞれが独立した状態に戻ってゆく）．

簡単のため $A_1 = A_2 = A$ と仮定し，同期点 $\beta_1 = \beta_2 = \beta_c$ での結合後の a_1 を計算すると，

$$\begin{aligned} a_1 &= A\left(e^{-\gamma_1 z} + e^{-\gamma_2 z}\right) \\ &= A\left(e^{-j(\beta+|c_{12}|)z} + e^{-j(\beta-|c_{12}|)z}\right) \\ &= 2A e^{-j\beta z} \cdot \cos(|c_{12}|z) \end{aligned} \tag{4.89}$$

あるいは

$$|a_1|^2 = 4A^2 \cdot \cos^2(|c_{12}|z) \tag{4.90}$$

を得る．a_2 についても同様にすれば求まる．

結果をプロットしたのが図 4.43 である．縦軸は $4A^2$ で割って，横軸は $|c_{12}|$ を掛けて正規化した．図には進行波 a_1 と a_2 が c_{12} を介して結合したため，電力の「キャッチボール」が行われるようになったことが示されている．すなわち，$z = 0$ では 100% の電力が a_1（実線）に与えられているが，伝搬するにつ

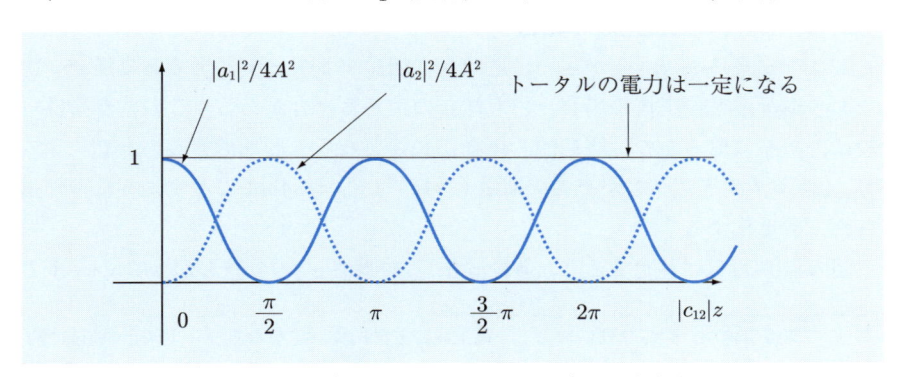

図 4.43 進行波 1 と 2 の間での電力のやりとり

れ，徐々に電力が a_2（破線）へと移ってゆく．$|c_{12}|z = \pi/2$ に至ると，全ての電力が a_2 に移り，a_1 は消滅する．

しかしながら，$|c_{12}|z = \pi/2$ をすぎると，逆に a_2 の電力が少しずつ a_1 に移り始め，$|c_{12}|z = \pi$ では，元通り100%の電力が a_1 に移り，a_2 は消滅する．この間，電力のトータルはどこでも一定である．このようなモード間での電力のキャッチボールを繰り返しながら，z 方向に伝搬するようになる．受け渡しの周期（間隔）は $\pi/|c_{12}|$ で決まる．$|c_{12}|$ が小さいと長く，大きいと短い．

図4.43は同期点での挙動であったが，同期点からずれた周波数でも電力のやりとりは行われる．しかし同期点から外れているため（波長が異なるため）相互作用が長続きせず，電力の移行が完全に行われる前にもとのモードに電力を返し始めてしまう．結果，中途半端な電力の受け渡ししか行われない．同期点から大幅に外れると，モード間の電力のやりとりはほとんど行われなくなる．

例：電力分配器

この電力のキャッチボールを利用して，電力分配器を構成することができる．例えば，図4.43の「結合線路」を $|c_{12}|z = \pi/4$ となる長さで切り出せば，モード1の電力をモード1とモード2に半々に分配する分岐器として利用することができる．切り出す長さを変えれば，どんな分配比も可能である．実際，そのような分波器はマイクロ波や光波の領域で多用されており，さきに見た図3.44はその一例である．**方向性結合器**（directional coupler）という名称で市販されている分波・合波器の多くも，この原理で動作している．

4.4.2 進行波と後退波の結合

2つのモード a_1 と a_2 が互いに逆向きに伝搬するモード同士である場合（すなわち進行波と後退波の場合）にも結合の生じる場合がある．この結合には一般に，線路に何らかの「周期的」摂動が必要となる．周期的摂動の存在によって，ω-β ダイアグラムがその周期 Λ に対応して，図4.44に示すように折り返され，多重化する[*]．

図の点P付近に注目すると，進行波 a_1 と後退波 a_2 の分枝とが，$\beta = \pi/\Lambda$ で

---

[*] この間の事情は，固体物理において，電子波の分散関係（すなわちバンド図）が結晶格子周期に応じて折り返し/多重化し，ブリルアン（Brillouin）ゾーンが形成される事情と同じである．

4.4 モード結合理論

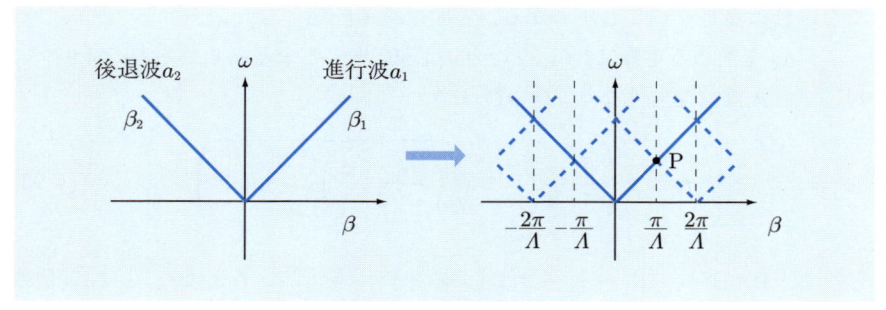

図 4.44 周期構造による分散関係の折り返し／多重化

交差することがわかる．この点付近で進行波と後退波の結合が生じることになる．点 P では，進行波については位相速度も群速度も正，後退波については位相速度が正，群速度が負（逆向き）となっていることに注意すると，図 4.45 のようなモード結合モデルが描ける．これに対応する結合モード方程式は，(4.78) と全く同じである．

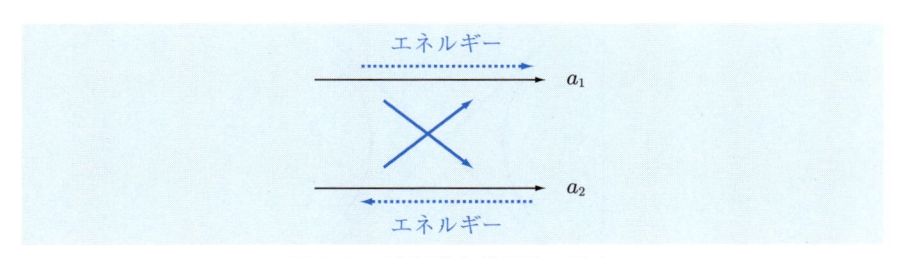

図 4.45 進行波と後退波の結合

このとき，(4.79) に呼応する制約は，

$$|a_1|^2 - |a_2|^2 = 正味の前進電力 = 定数 \tag{4.91}$$

となる[*]．(4.79) から (4.81) を得たのと同様の計算により

$$c_{12} = c_{21}^* \tag{4.92}$$

---

[*] なんとなれば，ある場所で正味の前進電力が増える，あるいは減ると，その場所においてエネルギーが発生したか，失われたことになり，線路が受動線路であるという仮定に反するからである．

でなければならないことがわかる．証明は章末問題としたい．

　a_1, a_2 を求める手順は，(4.82) から (4.86) までと全く同じである．(4.87) に対応する式は前節と異なり，(4.91) より

$$\gamma = j\left(\frac{\beta_1 + \beta_2}{2} \pm \sqrt{\left(\frac{\beta_1 - \beta_2}{2}\right)^2 - |c_{12}|^2}\right) \tag{4.93}$$

となる．P 点近傍（$\beta_1 \sim \beta_2$）では $\left(\frac{\beta_1-\beta_2}{2}\right)^2 - |c_{12}|^2 < 0$ となり，γ に正負の実部を生じることになる．γ の実部と虚部が ω に対しどのように変化するかを，図 4.46 に示す．

　前節同様，モードが結合した結果，結合後の波動の位相定数 $\mathrm{Im}(\gamma)$ は，P 点近傍で結合前の分散関係を漸近線とする双曲線状の分散曲線を描くようになることがわかる．P 点の直近では，位相定数は定まらず，代わりに γ の実部すなわち減衰定数が発生している．このことは，P 点の直近では進行波と後退波の結合

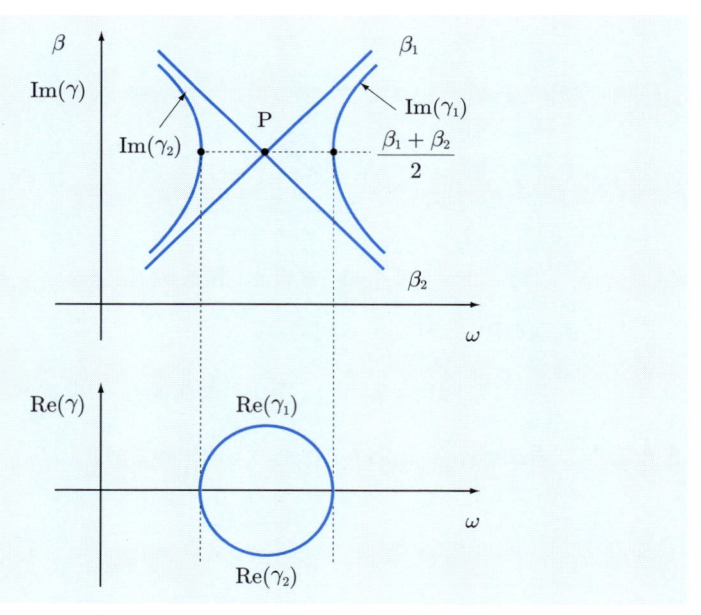

図 4.46　逆方向に伝搬する結合波の位相定数 $\mathrm{Im}(\gamma)$，減衰定数 $\mathrm{Re}(\gamma)$ と角周波数の関係

が強く，電力が一方から他方へ盛んに渡されるため進行波が振幅を持続できないことを意味している．この位相定数の定まらない周波数領域を**阻止帯**（stop band）と呼んでいる．固体物理における電子波の禁制帯と類似の現象と言える．P点から十分離れると，結合前の波動の性質に戻ってゆくことは，前節と同様である．

次にP点 ($\beta_1 = \beta_2 = \beta$) での a_1, a_2 の解を求めてみよう．$z=0$ で $a_1 = 2A$，$z=L$ で $a_2 = 0$ なる境界条件を課すと

$$\begin{cases} a_1 = A_1 + A_2 = 2A \\ a_2 = \dfrac{|c_{12}|}{c_{12}} A_1 e^{-(j\beta - |c_{12}|)L} - \dfrac{|c_{12}|}{c_{12}} A_2 e^{-(j\beta + |c_{12}|)L} = 0 \end{cases} \quad (4.94)$$

以上から A_1, A_2 が定まるので，それらを用いて a_1, a_2 の一般解が，

$$\begin{cases} a_1 = \dfrac{2A}{1 + e^{2|c_{12}|L}} e^{-j\beta z} \\ \quad \times \left(e^{|c_{12}|z} + e^{2|c_{12}|L} e^{-|c_{12}|z} \right) \\ a_2 = \dfrac{|c_{12}|}{c_{12}} \dfrac{2A}{1 + e^{2|c_{12}|L}} e^{-j\beta z} \\ \quad \times \left(e^{|c_{12}|z} - e^{2|c_{12}|L} e^{-|c_{12}|z} \right) \end{cases} \quad (4.95)$$

と求まる．これより $z=0$ における a_2 の電力が

$$\begin{aligned} |a_2(0)|^2 &= 4A^2 \left(\frac{1 - e^{2|c_{12}|L}}{1 + e^{2|c_{12}|L}} \right)^2 \\ &= 4A^2 \tanh^2(|c_{12}|L) \end{aligned} \quad (4.96)$$

と計算される．

(4.95) を用いて，進行波電力，後退波電力が伝搬とともにどう変わるかをプロットしたのが，図 4.47 である．電力は $4A^2$ で，z 軸は $|c_{12}|$ で正規化してある．また，後進波電力は，わかりやすいように負側にプロットしてある．$z=0$ における $|a_2|^2$ は，(4.96) で求めた通りである．図より理解される通り，進行波電力は，線路上で直ちに後進波電力に変換されることとなる．

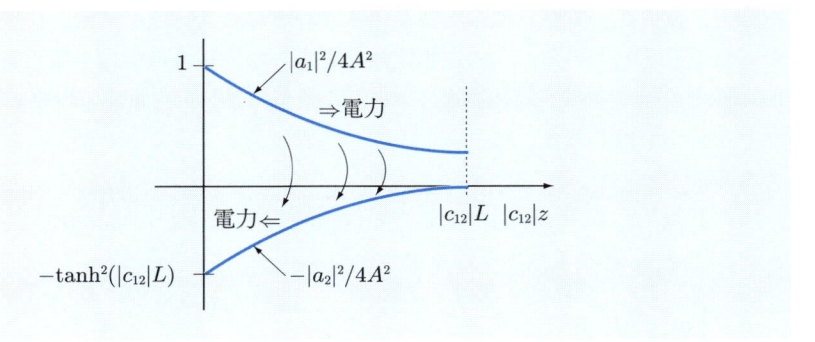

図 4.47 逆方向に伝搬する結合波間のエネルギーの授受

例：分布反射器

この原理を用いた素子に，**分布反射器**がある．例えば，図 4.48 に示すようななみ形の周期的形状を線路に与えると，進行波と後退波が，半波長の整数倍がなみ形周期 Λ に一致する周波数の近傍で強く結合し，進行波が後退波に短い距離の間にほぼ完全に変換される．進行波を後退波に変換するという意味では「鏡」と同じであるが，

(1) エネルギー変換が局所的にではなく，ある程度の長さで分布的に行われる点
(2) なみ形の数を増やすことで比較的容易に高い反射率を実現できる点
(3) 反射が上記の条件を満たす周波数近傍のみで生じ，強い周波数選択性を有する点

で，通常の反射鏡とは異なる．これらの特徴は高性能な共振器を構成する際に有用で，実際に光通信用のレーザ等で利用されている．

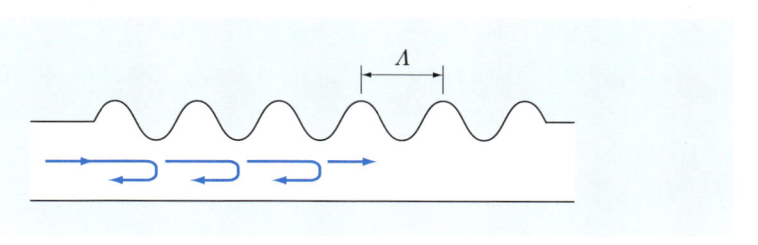

図 4.48 分布反射器

4章の問題

- **1** 直列共振回路の Q 値が, (4.8) のように表されることを導け.

- **2** 終端開放4分の1波長線路のインピーダンスが (4.20) 式になることを示せ.

- **3** 平面回路のヘルムホルツ方程式 (4.33) の一般解が, (4.36) のようになることを導け.

- **4** 共振器 Q 値が (4.43) のように表されることを, 直列共振回路および並列共振回路の場合を例にとって示せ.

- **5** 直方体空洞共振器の共振波長が (4.61) のように表されることを示せ.

- **6** 進行波と後退波の結合を表す結合係数が, (4.92) の関係を満たさなければならないことを証明せよ.

- **7** 矩形導波管 R400 (内寸 $5.7\,\mathrm{mm} \times 2.8\,\mathrm{mm}$) をある長さに切り出して, 前後面を金属板で塞ぎ, 遮断周波数の 1.2 倍の共振周波数を有する空胴共振器を形成するには, 導波管の長さをいくらにすればよいか.

- **8** ストリップ導体の幅が 1 mm, 誘電体基板の厚さと比誘電率がそれぞれ 0.5 mm, 4 のマイクロストリップ線路を用いて, 図 4.12 のような透過型フィルタを作り, 入力端には周波数可変電源を, 負荷端には抵抗を接続した. l は 7.5 mm, $C_1 = C_2$ は 0.05 pF である. また, 負荷と電源のインピーダンスはそれぞれ線路の特性インピーダンスと整合しており, 線路の損失は無視してよい.
  - (1) このマイクロストリップ線路の実効比誘電率と特性インピーダンスを求めよ (特性インピーダンスは 10 の倍数に丸める).
  - (2) フィルタの透過率が 1 になる周波数を求めよ.
  - (3) 上記の周波数から ±5% の範囲で電源周波数を変えた際の反射係数の挙動をスミスチャート上にわかりやすく作図せよ.
  - (4) (3) より, 反射係数の振幅と位相を周波数の関数としてプロットし, Q 値を概算せよ.

参 考 文 献

[1] 中島将光：マイクロ波工学（基礎と原理），森北出版，1975 年．
[2] 関口利男：電磁波，朝倉書店，1976 年．
[3] 末武国弘，林周一：マイクロ波回路，オーム社，1958 年．
[4] T. Okoshi : Planar Circuits for Microwaves and Lightwaves, Springer-Verlag, 1985.
[5] S. Ramo, J. R. Whinnery, and T. Van Duzer : Fields and Waves in Communication Electronics, John Wiley & Sons, 1965.
[6] I. Bahl and P. Bhartia : Microwave Solid State Circuit Design, Wiley Interscience Publication, 1988.
[7] J. D. Jackson : Classical Electrodynamics, John Wiley & Sons, 1975.
[8] K. C. Gupta, R. Garg, I. Bahl, and P. Bhartia : Microstrip Lines and Slotlines, Artech House, 1996.
[9] G. Kompa : Practical Microstrip Design and Applications, Artech House, 2005.

索　引

ア　行

アドミタンスチャート　45

位相速度　20, 74, 95
位相定数　21
異方性　71
インピーダンス行列　37
インピーダンス整合　48
インピーダンスの測定　33
インピーダンス平面　44

エックス（X）線　5
エネルギー速度　95
円形共振器　160
円形導波管　99
遠赤外線　5
円筒形空洞共振器　171

カ　行

開放境界　155
開放終端線路　40
可視光　5
完全反射　30
管内波長　96
ガンマ（γ）線　5

規格化インピーダンス　34, 35
基本モード　93
境界条件　79

共振回路　140
共振器　140
共振線幅　142
共振フィルタ　150
近赤外線　5
金属表面　80

空間多重　11, 13
空洞共振器　168
グーボー線路　135
矩形共振器　157
矩形導波管　86
群速度　111

携帯電話　12
結合係数　178
結合ストリップ線路　126
結合まど　174
結合モード方程式　178
減衰定数　21

光子　112
後進波　20
光速　75

サ　行

サブミリ波　5, 9
散乱行列　55, 60, 61

磁界強度ベクトル　70

索　引

紫外線　5
指向性　10
4重極モード　158
磁束密度ベクトル　70
4分の1波長線路　38
遮断周波数　93
遮断波長　93
周期　2
自由空間　7
終端形共振回路　143
集中定数　6
周波数　2
周波数変調　3
自由平面　7
縮退　94
情報量　11
真空インピーダンス　76
進行波　27
深紫外線　5
振動数　2
振幅変調　3
振幅変調波　110

スタブ　48
ストリップ線路　122
スミスチャート　42

正方形平面共振器　158
絶縁耐力　8
接頭辞　2, 3
前進波　20
センチ波　5
全波整流型波形　31

双極子モード　158
阻止帯　185

タ　行

帯　3
対称型ストリップ線路　125

短波　3
短絡終端線路　39

中赤外線　5
中波　3
長波　3
直方体空洞共振器　168
直列共振　39
直交性　115

定在波　26
定在波間隔　30
デシメートル波　5
テラヘルツ波　5, 9
電圧定在波比　32
電圧反射係数　25
電界強度ベクトル　70
電気回路の形態　6
電子波　113
電磁波　2
電磁波動方程式　5, 71
電信方程式　17
伝送線路　16
伝送電力　96
電束密度ベクトル　70
電波インピーダンス　76
伝搬定数　21
電流定在波　32
電流密度ベクトル　70

等価回路　96
透過形共振回路　150
透過形フィルタ　165
同軸ケーブル　104
同軸コード　104
同軸線路　100
透磁率　71
導体損　114, 137, 172
導電率　71
ドゥフォーレスト（DeForest）　9
等方性　70
特性インピーダンス　22

索　引

特性方程式　　18

ナ 行

流れ線図　　61

入射波　　26

ハ 行

波数　　2
波束　　112
波長　　2
波長計　　175
波長多重　　11, 13
ハーツ（Hertz）　　9
発振器　　175
腹　　27
反射係数　　25
反射係数平面　　41
反射波　　26
搬送波　　11
半値全幅　　142
半値半幅　　142
バンド　　3
バンド図　　113
半波長線路　　38

光　　5
光回路　　7
光通信　　9
光ファイバ　　131
表皮効果　　77
表皮抵抗　　114
表皮深さ　　77
表面波　　131
表面波線路　　131
広がり角　　10

複素振幅　　72
複素ポインティングベクトル　　79

節　　27
分散曲線　　112
分布定数　　7
分布定数線路　　16
分布反射器　　186

平面回路　　7
平面共振回路　　154
平面波　　74
平面波の波数　　74
並列共振　　39
ベッセル関数　　99
ヘルムホルツ方程式　　72
偏波　　75
偏波多重　　11, 13

ポインティングベクトル　　78
方向性結合器　　130, 182
放射線　　5

マ 行

マイクロストリップ線路　　122
マイクロ波　　3
マイクロ波通信　　9
マクスウェル（Maxwell）　　9
マクスウェル方程式　　5, 70
マッチング　　48
マルコーニ（Marconi）　　9

ミリ波　　5

無限長線路　　22
無線 LAN　　12
無損失回路　　66
無負荷 Q 値　　160

モード　　88
モード結合理論　　177
モードの直交性　　116

ヤ 行

有限長線路　24
誘電体線路　134
誘電体損　114, 137, 173
誘電率　71
ユニタリ　66

ラ 行

ラプラス方程式　83

立体回路　7
立体共振回路　168

レーザ　9
レーダ　10
レッヘル線　119

欧 字

AM（振幅変調）　3
AM 波　110

E 波　84

EHF 帯　5

FM（周波数変調）　3

HF 帯　3

LF 帯　3
LTE　12

M 波　83
MF 帯　3

Q 値　141

SHF 帯　5
SI 接頭辞　3

TE 波　83
TEM 波　82
TE_{mn} モード　88
TM 波　84

UHF 帯　3

VHF 帯　3
VSWR　32

著者略歴

中野　義昭 (なかの　よしあき)

1982 年	東京大学工学部電子工学科卒業
1984 年	東京大学大学院工学系研究科電子工学専門課程修士課程修了
1987 年	東京大学大学院工学系研究科電子工学専門課程博士課程修了，工学博士
1987 年	東京大学工学部電子工学科 助手
1988 年	東京大学工学部電気工学科 講師
1992 年	東京大学工学部電子工学科 助教授
1992 年	カリフォルニア大学サンタバーバラ校 客員助教授
2000 年	東京大学大学院工学系研究科電子工学専攻 教授
2002 年	東京大学先端科学技術研究センター 教授
2010 年	東京大学先端科学技術研究センター 所長
2013 年	東京大学大学院工学系研究科電気系工学専攻 教授，現在にいたる．

主要著書

『光エレクトロニクス 基礎編，展開編』（共訳），丸善，2010

『電子技術』（監修），オーム社，2013

新・電子システム工学＝TKR-8
電磁波工学の基礎

2015 年 7 月 25 日 ⓒ　　　　　　　　初 版 発 行
2022 年 5 月 25 日　　　　　　　　　初版第 2 刷発行

著　者　中野　義昭　　　　発行者　矢沢和俊
　　　　　　　　　　　　　印刷者　篠倉奈緒美
　　　　　　　　　　　　　製本者　小西惠介

【発行】　　　　株式会社　**数理工学社**
〒151-0051　東京都渋谷区千駄ヶ谷 1 丁目 3 番 25 号
☎ (03) 5474-8661（代）　サイエンスビル

【発売】　　　　株式会社　**サイエンス社**
〒151-0051　東京都渋谷区千駄ヶ谷 1 丁目 3 番 25 号
営業 ☎ (03) 5474-8500（代）　振替 00170-7-2387
FAX ☎ (03) 5474-8900

印刷　ディグ　　　　製本　ブックアート

《検印省略》

本書の内容を無断で複写複製することは，著作者および出版者の権利を侵害することがありますので，その場合にはあらかじめ小社あて許諾をお求め下さい．

サイエンス社・数理工学社のホームページのご案内
http://www.saiensu.co.jp
ご意見・ご要望は
suuri@saiensu.co.jp　まで．

ISBN978-4-86481-030-2

PRINTED IN JAPAN

電気磁気学の基礎
　　　湯本雅恵著　　２色刷・Ａ５・並製・本体1900円

電気回路通論
電気・情報系の基礎を身につける
　　　小杉幸夫著　　２色刷・Ａ５・上製・本体1800円

電気回路
　　　大橋俊介著　　２色刷・Ａ５・並製・本体2200円

基礎電気電子計測
　　　信太克規著　　２色刷・Ａ５・並製・本体1850円

応用電気電子計測
　　　信太克規著　　２色刷・Ａ５・並製・本体2000円

基礎制御工学
　　　松瀨貢規著　　２色刷・Ａ５・並製・本体2600円

電気電子物性工学
　　　岩本光正著　　２色刷・Ａ５・上製・本体2100円

電気電子材料工学
　　　西川宏之著　　２色刷・Ａ５・並製・本体2200円

＊表示価格は全て税抜きです．

発行・数理工学社／発売・サイエンス社

論理回路
　　　一色・熊澤共著　　２色刷・Ａ５・上製・本体2000円

ディジタル電子回路
　　　木村誠聡著　　２色刷・Ａ５・並製・本体1900円

ハードウェア記述言語による
ディジタル回路設計の基礎
VHDLによる回路設計
　　　木村誠聡著　　２色刷・Ａ５・並製・本体1950円

アナログ電子回路入門
　　　髙木茂孝著　　Ａ５・上製・本体2000円

ディジタル通信の基礎
ディジタル変復調による信号伝送
　　　鈴木　博著　　２色刷・Ａ５・上製・本体2400円

電磁波工学入門
　　　高橋応明著　　Ａ５・上製・本体2100円

基礎電磁波工学
　　　小塚・村野共著　　２色刷・Ａ５・並製・本体1900円

＊表示価格は全て税抜きです．

発行・数理工学社／発売・サイエンス社

━━━━ 新・電気システム工学 ━━━━

電気工学通論
　　　仁田旦三著　　２色刷・Ａ５・上製・本体1700円

電気磁気学
いかに使いこなすか
　　　　小野　靖著　　２色刷・Ａ５・上製・本体2300円

電気回路理論
直流回路と交流回路
　　　　大崎博之著　　２色刷・Ａ５・上製・本体1850円

基礎エネルギー工学［新訂版］
　　　　桂井　誠著　　２色刷・Ａ５・上製・本体2300円

電気電子計測［第２版］
　　　　廣瀬　明著　　２色刷・Ａ５・上製・本体2250円

システム数理工学
意思決定のためのシステム分析
　　　　山地憲治著　　２色刷・Ａ５・上製・本体2300円

　＊表示価格は全て税抜きです．
━━━━発行・数理工学社／発売・サイエンス社━━━━

━━━━━ 新・電気システム工学 ━━━━━

電気機器学基礎
仁田・古関共著　2色刷・A5・上製・本体2500円

基礎電力システム工学
電力輸送技術の本質を知る
日髙・横山共著　2色刷・A5・上製・本体2350円

電気材料基礎論
小田哲治著　2色刷・A5・上製・本体2200円

高電圧工学
日髙邦彦著　2色刷・A5・上製・本体2600円

電磁界応用工学
小田・小野共著　2色刷・A5・上製・本体2700円

現代パワーエレクトロニクス
河村篤男著　2色刷・A5・上製・本体1900円

＊表示価格は全て税抜きです．

━━━━━ 発行・数理工学社／発売・サイエンス社 ━━━━━

═/═/═/═ 新・電子システム工学 ═/═/═/═

エレクトロニクス入門
電子・原子の世界からコンピュータまで
柴田　直著　2色刷・A5・上製・本体2550円

エレクトロニクスの基礎物理
量子力学・統計力学入門
杉山・山下共著　2色刷・A5・上製・本体2200円

MOSによる電子回路基礎
池田　誠著　2色刷・A5・上製・本体2000円

半導体デバイス入門
その原理と動作のしくみ
柴田　直著　A5・上製・本体2600円

光ファイバ通信・計測のための
光エレクトロニクス
山下真司著　2色刷・A5・上製・本体3500円

電磁波工学の基礎
中野義昭著　2色刷・A5・上製・本体2200円

VLSI設計工学
SoCにおける設計からハードウェアまで
藤田昌宏著　2色刷・A5・上製・本体2200円

＊表示価格は全て税抜きです．
═/═/═/═ 発行・数理工学社／発売・サイエンス社 ═/═/═